坏情绪惹出大麻烦

HUAI QINGXU RECHU DA MAFAN

赵静 著

河北出版传媒集团

河北少年儿童出版社

图书在版编目（CIP）数据

坏情绪惹出大麻烦 / 赵静著 . — 石家庄 : 河北少
年儿童出版社, 2015.1（2020.9重印）
（允许我流三滴泪系列）
ISBN 978-7-5376-7531-4

Ⅰ. ①坏… Ⅱ. ①赵… Ⅲ. ①情绪 – 自我控制 – 少儿
读物 Ⅳ. ①B842.6-49

中国版本图书馆CIP数据核字(2014)第246630号

允许我流三滴泪系列

坏情绪惹出大麻烦

赵 静 著

选题策划	温廷华　董素山　赵玲玲	
责任编辑	翁永良	
美术编辑	牛亚卓	
特约编辑	李伟琳	
封面设计	王立刚	

出　　版	河北出版传媒集团　河北少年儿童出版社	
	（石家庄市桥西区普惠路 6 号　邮政编码：050020）	
发　　行	全国新华书店	
印　　刷	鸿博汇达（天津）包装印刷科技有限公司	
开　　本	880mm×1230mm　1/32	
印　　张	5.75　插页0.25	
版　　次	2015年1月第1版	
印　　次	2020年9月第20次印刷	
书　　号	ISBN 978-7-5376-7531-4	
定　　价	25.00元	

"画中有话"寻词游戏开始啦!

一、寻词地点

词语都隐藏在沙漠中,还等什么,快来找找吧!只有看不到,没有想不到!

二、游戏规则

1. 请各位看管好自己的心情,要不急不躁。

2. 各位无需自带工具,现场擦亮眼睛即可。

3. 找到所有的词语后,请第一时间将其拼成两个句子。

第一句:＿＿＿＿＿＿＿＿＿＿＿＿＿＿＿＿＿。

第二句:＿＿＿＿＿＿＿＿＿＿＿＿＿＿＿＿＿。

4. 答案在最后一页,确定你的句子没问题了再看哦!

5. 祝各位小读者快乐! 如有其他问题,可以咨询本书作者:jingzhaohu@sina.com。

触动心灵的温情话

当自己被拒绝的时候，

可以微笑着说"让我再想想吧"，这样能缓解冲突。

在发脾气之前，要默念三遍"冷静"，这样会让自己更理智。

在与人交往中，如果你常感到心很累，

这说明你与同伴相处得不太好。

适当地控制一下表现欲，也给其他人一些表现的机会。

生活中的许多摩擦与冲突，都源于说话的语调，要柔和一点儿。

消除任性最简单自然的方法，就是将他人的感受放在第一位。

抱怨是在讲述你不要的东西，而不是你要的东西。

拿望远镜看别人，拿放大镜看自己。

目 录
MULU

目 录
MULU

失控是一匹脱缰的野马

失控是一匹脱缰的野马。

经常发脾气的人，

一定是不受欢迎的人。

不要随意发脾气，

谁都不欠你的哦！

找上门的失控女

赵静阿姨，我又上QQ了。每次上QQ，我都习惯性地给您留言。

请您不要把我当成一个小孩儿，而是要把我当成一个朋友，一个心理有问题的、需要您帮助的朋友，好吗？

我觉得我最近越来越失控了！

对男同学，我以前是很客气的，现在却变得很暴躁，他们经常被我骂得体无完肤。

现在，许多男生见了我都绕道而行，就像老鼠见了猫一样。

他们还给我起了许多外号：母老虎、双面女王、暴力女、失控狂、女魔头、霸王花……

更可恶的是，他们随时随地都这么叫我，即使在老师面前也不避讳，这让我很没面子。为此，我更容易跟他们打架了。于是，老师三天两头儿把我叫到办公室，批评我，希望我改正。

　　最近，我经常发火，还喜欢斤斤计较。一点儿鸡毛蒜皮的小事，都能惹得我暴跳如雷。

　　我也不知道自己为什么变成了这个样子，其实，我是很想改正的。

　　您能告诉我怎么改正吗？我可不想变成坏脾气女生。可我就是忍不住，您说我能不烦嘛！

　　"惹不起还躲不起吗？"连我的好朋友都是这么说我的。

　　上个星期五，我的好友武胜美口口声声说要去溜冰，我们约好星期天一起去。可是那天中午一点钟的时候，她又临时告诉我说她下午要学骑自行车，不去溜冰了。

　　我就因为这件事郁闷了好半天。以前我从不把这样的小事放在心上，而现在我却斤斤计较起来了。结果，我拨通了她的手机，把她好一顿臭骂……

　　唉！骂完之后，我心里应该痛快了吧，可是，我却感

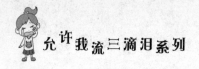

觉快要疯了！

我对自己的这些变化，也感到好奇怪。

现在，几个好朋友都和我绝交了，有的已经和我反目成仇，相互唾骂了。我为此感到很痛苦。每当夜深人静的时候，一想到这些事，我就会泪流满面。

就说说刚刚发生的事情吧。

有人传话，说某人骂我是太监，我刚要发作，他又说是我的那几个好朋友骂的。我愣了一下，缓缓走到我那几个曾经的好朋友跟前，低声问她们："你们谁骂我……骂我是什么……"

"太监！"其中一个不耐烦地回应我。

"你……"我吃惊地望着她，怒不可遏道："你说什么？再说一遍！"

"太监！骂你是太监！"她骂得更凶了。

我强压住怒火，咬牙切齿地对她说："我命令你……收回你说的话！"

"怎么？很不爽？"她一副高傲的样子，"我偏不收回，决不收回！"

"信不信我扁死你……"我愤怒到了极点，举起了手。

"信你个头！"她又一次凶巴巴地打断我，而且还恶狠狠地盯着我。

"啪！"一记耳光不偏不倚地打在她的脸上。

我惊呆了，她也惊呆了，旁边围观的同学也都惊呆了。不知道为什么，那一刻我的手好像不属于我自己，它只想给她一记耳光。

过了好一会儿，这位曾经的好朋友，眼里噙满泪水，颤抖地指着我说："你……"

"我……我就是要教训教训你！"我丢下一句话，迅速离开了。

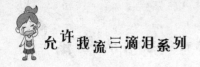

打完架，我很后悔，也很苦恼，为什么我们这么好的朋友会闹到这种地步？

赵静阿姨，心烦时该怎么发泄？教教我，要不然我会疯的！

以前，我很温顺、宽容、成熟，有时也很幼稚，会跟同学闹着玩，喜欢看动画片、爱读书、喜欢追求完美……

现在，我的"多面性"只剩下"一面性"——暴躁的一面了。

"呜呜呜……"我想当一个乖乖女，一个好学生，不想做个"失控女"。可是，每次当我想努力的时候，现实却把我打败了。

蛋清＋蛋黄＝青梅竹马　女生　五年级

♔ 情绪涂改液

真要命，我刚根据一个"原型"完成了一部有关暴力女的小说，又有一个失控女"找上门"来了。

从来信看，你什么道理都明白，就是控制不住自己。

这是为什么呢？你百思不得其解，我也不能随便瞎猜。

　　你回想一下，自己变成失控女，是从什么时候开始的？当失控女有多久了？在这期间，你家里或者你在班里发生了什么事情吗？你可别翻脸哦，我不是想谴责你，而是想从中摸下底，看你是否受到了什么刺激，是否遇到了难缠的问题。

　　从你叙说的"多面性"来看，你并不总是乖乖的，有时候也会犯浑。可见，你的性格中，还是有"暴力"的一面，只是爆发的频率没有现在高而已。

　　如果我分析得不确切，也没关系，毕竟我不太知道具体原因。但有一点，我可以肯定地告诉你，人的情绪和行为举止，是可以控制的。

　　也就是说，不想做个失控女，是完全可以的。

　　你可以调整自己的语速，放慢，放慢，再放慢……

　　调整面部表情，始终让自己的脸上挂着微笑，那些绕道而走的男生，尤其是那些挨过你骂的男生，肯定会觉察到你的变化的——咦，暴力女王开始走淑女路线了！

　　调整心理暗示：不要再把"我是失控女，我是暴力

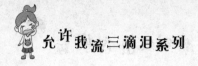

女……"挂在嘴边，而是换成"我心情不错，我要与人友好，我要当个微笑女……"。

试试吧，效果奇佳！

另外，骂人不对，甩人耳光更不对了。

好朋友怎么会到了这一步呢？真是一个比一个厉害呀，看得我胆寒。

是不是电视剧和电影看多了？这可不能模仿哦！

想要发火的时候，迅速离开"现场"，用这种方法来控制"失控"，这一招儿是很灵的。为了不再夜深人静的时候泪流满面，在学会控制自己的情绪之后，赶紧去修复友谊的裂痕吧。

只要你想改变自己，谁也拦不住你。

你以后不要再听别人传什么话了，你也暂时不要找好朋友（曾经的）解释了，等大家都冷静下来后，你再去向她道歉。

如果她能原谅你，一切都好。

如果不原谅，你也不必强求，只要双方不再继续做伤害彼此的事情就行了。

🔱 成长小测试

测测情绪控制力

在繁华的商业区，如果你与爸爸妈妈走散了，也没带手机，天气又很炎热，你会怎么办？

A. 到有空调的商场，先凉快凉快再说。

B. 在附近买点儿东西吃，回到原地等待。

C. 急得抓狂，大喊大叫。

D. 找警察或周围的人借手机，给爸爸妈妈打电话。

选项分析

选择A：你是个怕麻烦的人，情绪容易波动，控制力比较弱。

选择B：你能够沉着处理生活中出现的问题，但有点儿过于冷静，貌似缺乏热情。

选择C：你的情绪控制力很差，容易冲动，常常因为一点儿小事就惴惴不安或暴跳如雷。

选择D：你的情绪自控力很强，应变能力也不错，解决问题很自信，人缘很好。

惊天动地的哭功

赵静阿姨，请允许我这样称呼您。

我是您的忠实读者，以前是，现在也是。您的作品写出了我的心声，愿您再写出更多更好的作品！

当我第一次给您留言时，我完全没有想到您会给我回信，我感到很幸运。

可是最近，我却很倒霉，很不开心。

也许到了青春期吧，大家都喜欢说某某喜欢某某。

就在昨天课间的时候，有几个女生，她们是我的好朋友，她们想捉弄一下男生甲，就写了一张纸条，上面写着"I Love you"（我喜欢你），放在了男生甲的数学书中。我看到了，但我没管这事。

快上课的时候，男生甲才回到座位上。

当男生甲翻开数学书时，看到了字条，问谁放的，男生乙居然说是我放的。听男生乙这么说，我大脑晕晕的，就朝我的那几个好朋友看去。

好朋友们就像什么事也没发生一样。突然间，我醒悟过来，赶紧冲男生甲不停地摆手。我本来还想解释，可是很不幸，数学老师来了，我只好把嘴闭上。

而那个可恶的男生乙，一直冲我坏笑。那种笑，让我感到很不开心、很烦躁。我越想越不开心，一节课我什么都没听进去，眼泪一直在眼眶里打转。

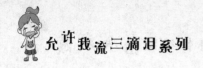

终于下课了，我走到男生乙的面前，很生气地大声说："我警告你，以后再胡说，你会死得很惨！"

我又走到那两位女生（虽然她们是我的好朋友，但她们现在是帮凶）面前说："你们认为这样很好玩儿吗？我讨厌你们，我恨你们！"

然后，我就回到座位，眼泪就像断了线的珠子，一直掉，一直掉。

其他一些好朋友都过来安慰我，我一直哭到下一节课上课，眼泪才终于止住了。

后来，那两个女生（制造纸条事件的女生）又写了纸条偷偷递给我。

我看都没看，直接撕了……

不过到了下午，我的气就消了，和那两个女生又和好了。可是，那个男生乙，我是不会原谅他的。

我们班的男生，好像总是喜欢欺负我似的。

有一次，下课了，我准备走出教室去卫生间时，有个男生伸出脚，把我绊倒在地，其他男生看了就嘲笑我。

虽然我的好朋友也多次出面保护我，但那些男生们捉弄我的次数却越来越多，我真是没法子了。

像这样的事情太多了。

上次，老师举行了一场成语大赛。

赛前，老师布置家庭作业，要我们每人写200到300个成语，我却写了425个。但因为复习得太晚了，没有把要带的东西收拾好就睡了。第二天早上出门急，结果我忘记把成语作业带到学校了。老师检查作业时，我说忘在家里了，可是老师和同学们都不相信，老师还把我这个小组长给撤了。

那段时间，同学们都不想和我玩了，说我骗人。

唉，我该怎么办呢？总不能终日以泪洗面，把眼睛哭瞎吧？

赵静阿姨，我动不动就哭，是不是太懦弱了？而且哭了之后，我又总是非常后悔，恨自己当时为什么憋不住眼泪。我好怕别人看不起我，怕他们用那种轻蔑的眼光看我。

您说我该怎么办呢？期待您的回复。

海涵仙子　女生　三年级

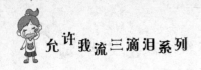

👑 情绪涂改液

呵呵，亲爱的"海涵仙子"，你的泪点实在是太低了。芝麻大的一点儿小事，都会让你泪流满面，这实在是跟自己过不去嘛。

就像你所说的，进入了青春期，同学们都喜欢神秘地议论某某喜欢某某。议论别人的时候，也被别人议论，这很正常啊。不过在遇到问题时，只要你掌握一些小方法，就能击败这些烦恼啦。

比如，对于男生乙的捉弄，你可以白他一眼，该干吗还干吗。或者顶多对男生甲或男生乙说："切，我的字有那么丑吗？真是污辱了我的书法水平。要不然，咱们比试比试？"使用幽默这一招儿，可比哭管用多了。

至于好朋友给你写的纸条，你连看也没看就撕了，这多伤人的心呀！也许，她们没想到事情会闹到你的头上呀，她们也是对给你造成的麻烦表达愧疚嘛。

好在你的气来得快，消得也快，能很快去找好朋友和好，这倒挺让我欣赏的。

不过男生把你绊倒不对，这种事，你也大意不得哦，比如门牙磕掉了，比如摔成了脑震荡，那可不是闹着玩的。

一方面，你可求助老师，让老师对男生们进行一下安全和品德教育；另一方面，你也要看紧自己的眼泪。

你的泪珠给你带来了很多麻烦，那帮无聊男生，没准儿就是故意要惹你掉眼泪呢。

对于成语大赛事件，如果你确实超额完成了任务，你就内心坦荡点儿，管他们信不信呢，只要告诉他们就行了。本来老师和同学们可能也没有太在意，结果你反复向人解释，最后越抹越黑。

如果老师仅仅因为这一件小事就撤了你的组长一职，那说明他处理问题的方法欠妥。但对于撤职，你就当作一次挫折教育吧，没什么大不了的，这也是成长中的必修课。

不过说实在的，如果你养成睡觉前把书包整理好的习惯，也就不会忘带作业本了。

你能怒斥男生，还撕了好朋友递来的纸条，这就说明你并不懦弱哦，只是遇到问题的时候，老觉得自己很委屈，一觉得委屈，眼泪就掉下来了。

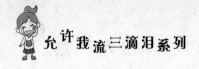

悄悄告诉你，每当你想掉泪的时候，就赶紧转移注意力，比如：看漫画书，或哼一首歌，或找好朋友去聊天……

呵呵，关紧泪闸的办法多的是，一个高智商的人，哪能让眼睛哭瞎了呢？

只要你笑点很低，泪点很高，换句话说，只要你的欢笑多于眼泪，你的处境会很快得到改善的。

等着你的好消息！

♛ 成长小测试

你最近的心情好吗

有一天，你经过小区楼下时，忽然从三楼上掉下来一个东西，差点儿砸到你，试想一下，你当时会是怎样的反应？

A. 大叫："天啊，差点儿被砸死！"然后赶紧离开危险之地。

B. 很生气，一定要上楼看看是从谁家掉下来的。

C. 跑到居民楼的对面，仔细察看情况。

D. 庆幸今天躲过一劫，希望有好事情找上门来。

选项分析

选择A：你最近的功课可能比较紧，但又不甘心占用玩耍的时间，所以，只好牺牲睡眠时间，因此，你很疲倦。赶紧补觉吧，正常学习，正常玩乐，更要正常睡觉，你的身心会慢慢调整好的。

选择B：你最近做事总是不顺，坏情绪不断产生，严重干扰了你的学习和生活。建议你耐心点儿，去想办法解决每一个问题，而不是逃避，让问题堆积起来。

选择C：你最近的精神状态不错，对生活充满热情，保持着强烈的好奇心。继续保持热情，积极参加集体活动，看看书、打打球，你会永远充满活力。

选择D：你最近可能压力比较大，遇事总想躲着走，不敢面对现实。建议你放松一下，找朋友聊聊天，看看电影，谈谈理想。总之，不要把自己关起来，一副拒人千里之外的样子。

出逃一天的冲动

阿姨，您好！您写的"笑容女王蔡波波"系列，很风趣，我买了两本，一本是《出逃一天》，一本是《百分百小美女》。

特别是《出逃一天》，我觉得特别好看。

蔡波波有点儿像我，我现在读五年级了，有时候也想离家出走。

我每天放学回到家里，爸妈就开始说我这儿不行，那儿不行，反正什么都不行。我超郁闷，超委屈。

每天，我的作业都很多，经常很晚了还没做完，更别提洗澡了。每当这个时候，爸爸就会骂我，说我磨蹭，一点儿也不给我解释的机会。每次挨骂，我都会痛哭一场。

这还不算啥，要是妈妈唠叨起来，更是没完没了，都烦死了!

不信,我就给您描述一下吧。

有一天早晨,我刚起床,妈妈就开始喊叫了:"快起来,快起来,再不起来就迟到了!"

我起来之后,正要洗漱,她又开始喊叫:"快点儿,快点儿!别那么慢,再这样就迟到了!"

开始吃饭了,我还没吃两口呢,她继续扯开了嗓门儿:"快吃,快吃,7点26了,再不放碗,就迟到了!"

就算到了出门的时候,她还会大喊大叫:"钥匙,手机,红领巾!"

每当这时,我就会无奈地回答:"拿了,拿了,都拿了,别叫了!"

可是妈妈根本无视我的无奈,继续冲我喊叫:"还要拿别的吗?"

我只好继续无奈地回答她:"没有了!"

这样一来,我每天都要耗到7点40才能下楼。

还有,每天中午,妈妈都要我给她打电话。可我觉得没什么事可讲,而且我也不喜欢给她打电话,有时候忘记

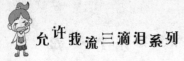

打了,她就会打来电话,教训我说:"为什么不给我打电话?我是为了你好!"

真是的,好像我做错了什么似的,可是,我到底做错了什么呢?我不明白。

其实,我的自理能力挺强的,什么都会做,什么事也没耽误过,可我妈偏偏当我是三岁小孩子,怕我受伤,怕我丢三落四,怕我在外面吃亏……

我真不希望妈妈这样对我,我想过一个正常孩子该过的日子。

在生活上,她不放心我,恨不得替我操心一切;在学习上，她也严格得过分。就因为学习上的粗心，我老被她唠叨。

有一次考试，我本来可以考100分的，就因为粗心，我只考了92分。结果妈妈便整天拿这件事刺激我，每天都只说我的缺点，好像我没有一点儿优点似的。

唉，我已经尽力了，但还是被粗心给害惨了，怎么改也改不了。我泄气了，我不想再当好学生了，我想当个疯丫头，当个大傻子！

当然，这是说气话。其实，我的理想是长大后当个作家，写小说。

一听我要写小说，妈妈又出来打击我了："写小说有什么用，现在靠的是成绩！亏你还是班长呢，才考那么一点儿分！再不怎么样，考个98分也是应该的呀！"

现在，快要期中考试了，我每天都被妈妈逼着做试卷，做得我都想自杀了。

尽管我很努力，完成了学校的作业后，又赶紧看教辅书、做练习卷，但是妈妈就是喜欢无时无刻地骂我懒，骂我不学习、不干活儿……

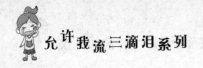
允许我流三滴泪系列

这不，妈妈又骂上了："你这个孩子，学习这么不好！你看看别人家的小孩儿，哪里要父母这样操心！叫你好好读书，你不读，那你以后就干脆不要读了！"

每次挨了骂，我都会偷偷地哭好久、好久……

父母不理解我，知心朋友也少得可怜，我本人又没有幽默感，慢慢地就觉得生活没有意思。

一次，暑假玩"摩尔庄园"游戏的时候，我认识了一个男孩儿，当时觉得无聊，就跟他聊了起来。我们聊得越来越多，渐渐地，我非常了解他了，好像还有些喜欢上了他。于是我一有空就打开电脑，看见他在线，我就像彩票中奖似的高兴；如果他没在线，我的心情就很低落，如同被妈妈数落般那样难受。

哈哈，和男同学一起玩，这么开心啊，想说什么就说什么！

终于有一天，他向我表白了，我也向他表白了。

接下来的日子里，我总是忍不住地想给他打电话。死党们都说我喜欢上他了，我却不敢承认。是这样的吗？我是掉进情网了吗？

22

要让老师和爸妈知道了这件事，我就死定了。我该怎么办呢？您帮帮我吧！

小蜗　女生　四年级

情绪涂改液

亲爱的"小蜗"，看得出来，你老妈真是太替你操心了。

逃离老妈、离家出走？这可不是什么好主意！

蔡波波"出逃一天"的结果，你是知道的，真是惨不忍睹啊！

做试卷烦得想自杀？这个想法，也超愚蠢！

想想那些贫困山区的孩子，想想那些肢体不健全的孩子，我们是多么的幸运、多么的幸福啊！

怎么办呢？方法有的是，你的能力也有的是，但需要耐心和恒心。办法就是，自己把事情安排好，根本不给爸妈唠叨你的机会。每天放学后，把自己的作业量和制订好的复习计划跟爸妈交代一下，让他们心里有数，然后，再

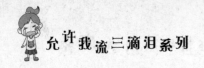

估计一下完成这些所需要的时间，让爸妈该干吗干吗去吧，别老盯着你了。

你只有说到做到，老妈才会放心，这是避免她唠叨的最好办法。

对于正常人来说，有时粗心在所难免，但要是养成了习惯，那可就是大麻烦了。所以，这个缺点得克服。

平时做作业，就当做是考试。细心而快速地做完试题后，赶紧检查、纠错。细心的习惯养成了，还怕考试失分？还怕被妈妈骂来骂去？才不给她机会呢！

最后一个问题，女孩子喜欢上男孩子，这很正常，什么表白不表白的，那仅仅是在表示好感而已；什么掉不掉情网的，在我看来，你只是又多了一个知心朋友嘛。

也许爸妈的唠叨，让你厌烦；也许知心朋友太少，让你感到孤独。所以，当你遇到一个聊得来的男孩子，你就感觉一下子喜欢上他了，这是可以理解的。不过，这只能说明你的交友圈子太小了。

去交不同性格的朋友吧——男生一大帮，女生一大群，一起玩，一起闹，你很快就会发现，生活远比现在要丰富多彩了，解压的方式也是如此简单。

👑 成长小测试

你是个爱折腾的人吗

测测你是否爱折腾人吧：周六，你想去游乐园玩，可爸妈却另有急事要办，没法儿带你去，你会采取什么办法，让他们满足你的心愿？

A. 必须去。

B. 软磨硬泡。

C. 让爸妈承诺下周一定去。

D. 另找亲戚朋友带着去。

E. 听爸妈的安排。

选项分析

选择 A：你的折腾指数高达 99%。你很少考虑别人的安排，想一出是一出，弄得大家都很被动、很不开心，而且还不听劝。唉，真是折腾死人不偿命呀！

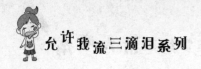

选择 B：你的折腾指数可达 80%。你是一个闲着没事干，就去想办法折腾人的人。

选择 C：你的折腾指数可达 55%。遇到宽容的人，你也会宽容；但遇到冤家对手，你就会和对方 PK，看谁更能折腾。

选择 D：你的折腾指数可达 40%。一般情况下，你不会折腾人，除非忍无可忍了，你才会以折腾还折腾。

选择 E：你的折腾指数可达 20%。你的性情温和随意，从不会故意折腾人，相反，还处处替对方着想。你是一个很包容对方的人。

易燃的 "火药筒"

同学们都说我是吃火药长大的，点火就着。

他们这样说我，我一点儿也不冤枉。

我的脾气特别暴躁，在学校里，经常和同学发生冲突，轻则吵得面红耳赤，重则大打出手、拳脚相加。其实，事后仔细想想，全都是因为一些鸡毛蒜皮的小事。

有一次春游，我和一个男生一起玩，把一个小瓶子当作足球踢来踢去，后来，他一不小心，一脚踢在了我的踝上，疼得我蹲在地上半天没有起来。等我缓过来之后，我不理会他的道歉，直接怒气冲冲地抢过他的照相机，一把给扔到地上。幸好相机没有摔坏，可是我们之间的友谊就这样破裂了。

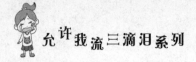

就说最近这几天吧，我的心情糟透了。

数学没考好，老师在学校数落了我半天，把我的肚子气得鼓鼓的。就在我忍无可忍、想站起来跟老师大吵一架时，下课铃响了。

回到家里，妈妈又把我骂了一顿。她发起脾气来，比我还厉害，我只好偷偷地对她翻白眼。

更可恨的是，妈妈不让我玩电脑游戏了，她把电脑转移到亲戚家了。

这两天，对自己的坏脾气，我本来克制得挺好的，可今天，同桌那小子不识趣，跟同学闹着玩时，纸团明明扔到了我头上，他却不承认。最终，我怒火万丈，一拳砸了过去……

没想到出手太重，打得那小子额头缝了三针，花去一百多块钱。

真倒霉，这个月的零花钱又要另想办法了。

当然，更让我生气的是，班主任叫我写一篇千字的检讨，并让我学会控制自己的情绪。唉，我这火气上来，也真够吓人的。冤枉钱我没少花，事后也挺后悔的，可下次碰上还是控制不住。

现在，因为我的脾气暴躁，很多同学都不愿意跟我打交道了。我的朋友越来越少，我感到越来越孤独，脾气也更加暴躁。

我深知自己脾气不好，会影响我的学习，影响我与同学的关系，我也很想改一改，但不知怎么回事，一遇上不顺心的事，我就总是克制不住自己。

有什么方法能帮我改掉暴躁的脾气呢？

暴脾气　女生　四年级

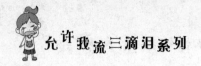

👑 情绪涂改液

暴脾气的小女生：

我觉得你的脾气不是有点儿暴，而是很暴了。如果再不改改的话，我也得躲你远远的。

还好，你是个好孩子，肯承认自己的错误，而且也急切地想改掉自己的缺点。

生活中，我们常常看到，有些人因为一些不足挂齿的小事而发怒，做出不该做的事，比如恶性斗殴，甚至导致人命案子的发生，最后锒铛入狱，事后常常后悔不已。所以，在你没犯"病"之前，先给你上一小课，是为了让你对暴躁易怒的危害性有足够的认识。

今后在遇事想发脾气时，你可以立即站在对方的角度想一想，再想一想发完脾气的后果。然后，迅速转移话题，或者听听音乐、唱唱歌，或者直接迅速离开现场，干点儿别的事情。比如，到操场上猛跑几圈儿，这样可将因盛怒激发出来的能量释放掉，让自己的心情平稳下来，搞定自己的暴脾气。

你认为你妈妈的脾气比你的还暴，并且知道这样做很不好，只能激化矛盾，那你就不应该模仿妈妈这种不好的处理问题的方式了。

你可以跟妈妈好好地谈一谈。在家或在课桌上贴上"息怒""制怒"一类的警言，时刻提醒妈妈和自己要冷静。

如果还控制不住自己，那就在快要暴发臭脾气时，心中不停地默念"冷静""别发火"来警告自己。

也可以准备一个小本子，专门记录每一次发脾气的原因和经过。通过记录和回忆，你会发现很多时候你发的脾气都毫无价值，你会感到很羞愧，以后怒气发作的次数就会渐渐减少。

平时，你还可以多观察一下那些容易愤怒的人，看看他们是怎样的一副德性，这样你也能在潜意识里克制自己发火的冲动了。

其实，一个人性格的形成是由多种因素决定的。比如，爸爸妈妈的脾气不好，使你经常感到压抑，在外面就很容易因为一些小事发泄出来。还有，你喜欢玩带有暴力倾向的游戏，也会受到它的"熏陶"。

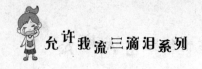

帮你分析这些原因，并不是要为你的暴脾气找个合理的借口。我想告诉你，爱发火，跟自身修养也有着极为密切的关系。

除了加强控制脾气的训练外，建议你多看一些能打动心灵的文章或书籍，多听听节奏缓慢、旋律轻柔、音调优雅、优美轻松的音乐，这对稳定情绪、改掉暴躁的脾气也是有帮助的，在受到感染的同时，会让自己变得"柔软"一些。

为了区区小事而对同学发脾气，是极不礼貌的行为。

比如那位踢疼你的同学，本来你们玩得挺高兴的，可无意中他踢疼了你，也向你道歉了，可你呢，却把人家那么贵重的东西往地上扔。你那痛快的发泄是建立在别人的痛苦之上的，如果换位思考，有人对你大发脾气，有人乱扔你贵重的物品，你会怎么想呢？

好朋友的关系，是靠"服气"服出来的，而不是靠人家"怕"你怕出来的。

要想和同学做好朋友，就应该宽容、大度、温和。

只要有决心、有恒心、有行动并且努力坚持，你那暴躁的脾气，一定会慢慢改掉善的。

⭐ 成长小测试

测测你的交往能力

良好的交往能力，是一种很重要的能力。下面设计了各种环境中的对话，不同的选项都有不同的分值，做完后将总分值与结果对照，可以测试出你的交往能力是否良好。

1. 在小饰品摊前，好多人都在那儿挤着挑选，你和同学没有挤上去，你的同学说："等一会儿再买吧！"你回答：

    A. 等一会儿也挤不上呢？

    B. 好的，等这拨人挑完了再说。

    C. 就像不要钱似的，挤什么挤，真讨厌！

2. 在公共汽车上，由于人多互相拥挤，有人对你说："不要挤了！"你回答：

    A. 是啊，你不要再挤了！

    B. 对不起，人多啊！

    C. 谁想挤啊，有本事家里待着去！

3. 与同学相约打球时，同学来晚了，于是赶紧对你说：

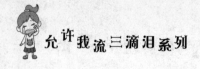

"嗨，我来迟了。"你说：

　　A. 真拿你没办法，一点儿时间观念都没有。

　　B. 没什么，反正也没什么正事。

　　C. 幸亏你是我的好朋友，否则我可真生气了！

　4. 在家中，妈妈说："你的作业为什么老做得这么慢呀？"你回答：

　　A. 就因为你慢，我遗传了你！

　　B. 别着急，我再写快点儿。

　　C. 这算不错的了，我已经写得很快了。

　5. 在学校，当一名老师要找一名同学去办公室训话时，其中一名同学说："他又该倒霉了。"你接着说：

　　A. 活该！

　　B. 真不幸！

　　C. 爱倒霉不倒霉，关我什么事。

选择结果分析

以上选择选 A 得 1 分，选 B 得 2 分，选 C 得 3 分。

得 0~3 分：你的交往能力不太乐观。在与人的交往中，你喜欢挑别人的毛病，遇到不满意的事，就发脾气。如果一直这样下去，集体活动时，就会没人愿意与你合作了，所以，你得赶紧改改脾气了。

得 4~8 分：你非常愿意与人友好交往，遇到问题时，也能替别人着想。需要提醒你的是：过分迎合别人，过多地顾忌别人的感受，你就显得很没个性了。

得 9~15 分：喜欢什么，讨厌什么，你很少对外表露，但在行动上，你却能让人看出来。在与人合作时，你不太照顾别人的情绪，也不怎么善解人意。因此，建议你多从别人的角度思考问题，换位思考后，也许你就会多理解别人了。

令人发疯的"怪毛病"

不知怎么回事，也不知从什么时候开始，我的身上新添了一些"怪毛病"。

比如，写完一行字后，非要从头开始把这句话反复看几遍，确信没有什么毛病后再写下一句，写完下一句后，还是要把它们检查几遍才能放心地往下进行。课代表每天抱着一摞本子，不停地敲着我的桌子狂喊："快点儿，快点儿，就差你的了，你怎么这么慢呀！"

为此，老师也多次找我谈话，批评我写作业太磨蹭，要我精力集中。其实，冤死我了，我哪里是磨蹭啊，我哪有精力不集中了？

再说说昨天晚上的事吧。

到了晚上 9 点半，我还有一个语文小报没做呢。

这时，妈妈一次又一次地在我房间里进进出出，还不停地冲我嚷嚷："快点儿了，快点儿了，刷牙、洗脸、上床睡觉，明天你还上不上学呀？你怎么这么肉呀……"

她那一副着急又帮不了忙的样子，更是让我烦躁透顶。

结果一直到 10 点半，我才终于把小报做好，不过也困得哈欠连天了。

最后一项任务：赶紧收拾书包。

可是，明明知道学习用具都带齐了，作业本也放进去

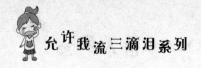

了，但我就是放心不下，一遍又一遍地把书包打开，翻来覆去地检查，看看落没落下东西。

妈妈看着我那样子，对我这些日子的不满终于爆发了。

她忍无可忍地冲了过来，把我的书包往边上一推，一边把我往洗漱间里拽，一边还用手指头不停地点我的脑袋："你小小年纪，怎么跟个七老八十的人一个样！啊？你到底是怎么回事啊？"

哎呀，我也好想好想知道是什么原因呢！

本来我没有什么烦恼的，可是自从有了这个"怪毛病"后，我的学习和生活全被搅乱了。

作业总是不能按时交，上课老走神儿，总是想着那些让我无缘无故担心的事。别说是老师、同学和爸妈烦，我自个儿都烦死自个儿了，可我又控制不住啊！

想到每一天都要这样度过，我都快要疯掉了！

邹州　男生　三年级

👑 情绪涂改液

我们反复检查作业是正常的，检查学习用具带齐了没有，也是正常的，但如果在确信自己做对了和带齐了的情况下，还要忍不住查了又查、看了又看，那就"非正常"了。

从你苦恼的诉说中，可以看出，你的想法和做法并不是偶尔一次，而是反复出现，真糟糕，这可就属于"非正常"了。

心理学家将这称为"强迫症"，就是自己强迫自己去这么想、这么做。

据我所知，许多大人也常常抱怨："也不知我这是怎么了，早上出门明知道门锁好了，还非要把门推来推去地检查；晚上又总是担心门没有锁好，一遍又一遍地去看。"

还有的人走在路上非要数路边的树，有的人总觉得自己的手摸过不洁净的东西，老想洗手……

无论是对大人来说，还是对小孩儿来说，这都不是什么大不了的"怪毛病"。

一般来讲，有这种"怪毛病"的人，往往胆小怕事，内心深处没有安全感，做起事来犹犹豫豫，却又要求自己

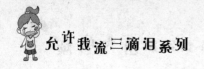

做得十全十美，所以，心理压力很大。

搞清楚是怎么一回事了，我们就可以想想对策了。

心理学家给我们提供了一种缓解心理压力的办法——皮筋治疗法。

就是在你的手腕上套上一根橡皮筋，每当心理紧张或钻牛角尖时，马上用套在手上的皮筋弹一下自己，暗示自己不要再想这个问题了。听说这招儿简单好使，而且还特别管用呢！

做作业时，每次都要一口气将作业全部做完，然后再回过头来检查。

本来就是嘛，谁在做作业或者考试的时候，边做边检查呀？那还不累死了！另外，在检查作业时，认真一点儿、专心一点儿，一遍就过。

检查完作业后，就马上离开书桌，把作业的事情扔到脑后，然后给自己安排一些其他事情，你会发现，还有那么多事情等着你去想、去做呢：

还有人等着我踢球呢！Bye-bye（再见）！

妈妈做了许多好吃的美食，哎呀，我的口水都流出来了!

总之,确信把作业和书包检查完了之后,就放到自己眼睛看不到的地方,然后去做自己更想做的事,或者去看一本自己想看的书。

当你的脑子被另一件更有吸引力的事占满了时,你就会慢慢淡化那些不必要的想法和做法了,那么你的"怪毛病"也就会逐渐消失了。

坚持下去,加油!

👑 成长小测试

你是否勇于迎接挑战

1. 轮到你们小组做板报了,你将选择哪方面的工作?

A. 只想打打下手,也可以校对一下板报上的文字。

B. 安排什么内容放在什么位置,并亲自往上抄写。

C. 写稿和组稿,还要费心地把它们改好编好。

2. 可是刚刚开个头,由于种种原因,板报办不下去了,你怎么办?

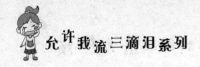
A. 算了，不费那个劲儿了。

B. 想尽一切办法完成板报。

C. 看问题出在哪里了，赶紧到高年级有经验的
人那里取经。

3. 到了一个新的环境，你会用什么办法认识新朋友？

A. 等着别人介绍。

B. 通过一个同学结交另一个同学，不断地这样做。

C. 利用一切机会，自己主动"出击"。

选择结果分析

选A得0分，选B得1分，选C得2分。

得4~6分：你喜欢在稳定中追求上进，有很大的发展空间，加油哦，坚持才会赢。

得0~3分：你很能干。偶尔也想来点儿刺激，但总的来说，你不喜欢折腾。所以，在关键时刻，还要拿出你的劲头，才有可能成功呀！

热切呼唤话语权

做自己的决定，

然后准备好承担后果。

慢慢地说，

但要迅速地想。

插不上话的尴尬

放学后，我和好朋友林自寒、张好又相约着一起回家，一路上，我们总是叽叽喳喳地闲聊。几年来，我们三个人都已经养成了这种习惯。

和好朋友结伴回家，本来是一件很享受的事情，一路上说说笑笑的，背上的书包，也不觉得那么沉了。

可是，最近我却感到心里越来越难过。

表面上，我还是和她们嘻嘻哈哈的，而实际上，我心里却在想，为什么她们的话题总是围绕着自己转？

比如，林自寒说她爸爸出差回来了，给她买了一部非常棒的手机，还给她买了许多歌星的唱碟。看着我们羡慕得快要流口水的样子，她都有点儿得意忘形了，结果一不留神与对面走过来的老奶奶撞到了一起。

　　还比如，昨天晚上，张好的爸爸妈妈又吵架了，吵得差点儿把楼顶掀翻了。张好说她一晚上都没有睡好觉，眼睛哭得又红又肿，害得我们一个劲儿地对她劝来劝去，陪着她唉声叹气，然后又一招儿接一招儿地替她想办法，一直哄到她满脸笑开了花……

　　唉，再说说我自己吧！

　　自从我懂事以来，我就希望有许多知心朋友。

　　有高兴的事，我可以与她们分享；有痛苦的事，也向她们诉说。但是，事实却与愿望之间有着一定的差距。和她们在一起，我总是没有机会说说我自己的事。

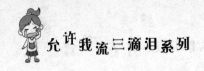

我总觉得自己是那么的理解别人，能帮忙解决别人遇到的烦恼。可是，别人却不想了解我，当然更无法解决我的烦恼和问题了。

这个"别人"，不光指的是我的这两个好朋友，也包括我们班的其他同学。他们在大谈特谈自己的时候，为什么就不会问问我的感受呢？他们这样对我不闻不问的，我真觉得很伤心啊！

唉，有时候，我也会自我反省，可还是搞不明白别人为什么不想了解我。

我多么希望这世界上能有一个了解我、可以替我分担或解决我心中烦恼的人啊，更希望有人能一招儿接一招儿地哄我开心。

章鱼　女生　四年级

👑 情绪涂改液

听"章鱼"这么一说，我感觉要想做到"天天有个好心情"，还真不容易啊！这是我读了"章鱼"来信后的第一感觉。

天天被人忽略，尤其是被好朋友忽略，心里自然是不爽了。

走在放学的路上，相互说点儿开心的事，能减轻一天的疲劳。

如果赶上一个令人郁闷的话题，让人的心往下坠了又坠，不过这时，如果能给朋友支上几招儿，那心情自然也会由不爽转化为巨爽了。

可是，这里说的是"相互"。但是"章鱼"呢，只是单方面的一个听众和支招儿者而已，而自己内心的喜悦或者郁闷，却在心里发酵和膨胀。最伤心的是，好朋友根本没有体察到你内心的情感需要！

是啊，没有人喜欢被忽略。被朋友忽视的感觉更是让人无法忍受。

如果来个换位思考，那么，也许"章鱼"就不会对朋友忽略自己而耿耿于怀了。

林自寒得到的手机，都让自己羡慕得流口水了，林自寒能不高兴吗？她与大家分享自己的快乐，我们应该也感

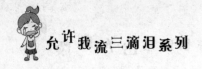

到快乐才对。

再说说张好吧，她多么令人同情啊！家庭不和，殃及她，致使她晚上以泪洗面、睡不好觉。她是把"章鱼"你和林自寒当成了知心朋友，对你们无比信任，才会向你们哭诉的。对此，你应该有一种被信任的感觉，在积极劝慰、帮助好朋友的时候，不应该把自己"被忽略"的情绪扯进来，这根本就是两回事嘛！

被好朋友信任，能帮助好朋友走出"坏情绪"，是一件多么美妙自豪的事情啊！

好朋友都是相互信任和帮助的！没错，如果你没有这种"对等"的感觉，那么，你就改变吧。改变不了别人，就改变自己：你也可以去和她们分享你的快乐、分担你的烦恼呀！

在下一次结伴回家的路上，或者在学校和同学在一起时，为了避免被好朋友忽略，那你就把想说的话，说出来。

在说之前，可以先说一句最吸引人的话。比如："你讲的这件事真有意思，哈哈，想听听我最近碰到的好玩儿的事吗？"

或者说："唉，最近我痛苦死了，痛苦得想找一块海绵把自己砸死，或者揪一根头发把自己勒死。"

如果有了这样极具吸引力的开场白，好朋友还是在那儿自顾自地唠叨个没完，而没有耐心倾听你说的话，不在意你的感受，那么，我劝你要重新审视这段友情了。一个人，如果不顾对方的感受，只会不停地说话，让别人插不上嘴，让对方只有听的份儿、没有表达的权利，这是不公平的，也是对别人的不尊重。

和一个不懂得尊重别人的人做朋友，只会让自己受到的伤害越来越多。

要么改变自己，学会倾诉与倾听，让自己快乐地融入朋友之中；要么远离只会倾诉、不给别人说话机会的人。

♛ 成长小测试

你自己拿得定主意吗

过春节时，你获得了 1000 元的压岁钱后，想去买一副你早就想买的网球拍，但是钱又差一点儿；去买一双不

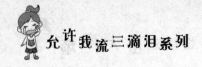

急用的网球鞋呢，又会剩下几百元，你会怎样做？

A. 从爸妈那里提前支取一些零花钱，先把网球拍买回来。

B. 买完网球鞋后，再去买一些自己喜欢的书或其他小玩玩意儿。

C. 什么都不买，把钱存起来，以后有需要的时候再取出来用。

选项分析

选择A：还算有主见，能在紧急关头做出决定，而且也不会后悔。比起一般人来说，你算是有主意的人了。但有时你的决定并不一定都是正确的，而且，你会因为好面子，即使做出了错误的决定，嘴也很硬，不会承认。

选择B：你是个十足的拿不定主意的人，做事没有主见，遇到事情，总想让别人给你提建议、帮你想办法，给人的感觉是很没自信。

选择C：你对家和家人很依恋，知道关心爸爸妈妈，知道省着花钱，是个懂事的好孩子。做事有条不紊，很沉稳，很让爸爸妈妈省心。

其实我很 "装"

赵老师，您好！这样叫您，可以吗？我感觉这样称呼您，比较亲切哦。

您写的书太棒了，我和表妹都抢着看呢！

可是，表妹比我小，我得让着她，让她先看，她看完了，我才能看，呜呜呜……

我是一个成绩好、人缘好、长得很漂亮的女生。一下课，我的周围就会拥来好多女生。

可最近，我却被烦恼纠缠着，搁在心里，怪难受的。

事情是这样的。

我和陈晨既是同学，又是邻居，还是好朋友，极好的那种朋友。我们就像您小说中的人物——谷峥峥和何莲子

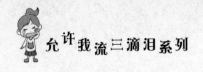

那样的要好。在学校，不管做什么，我们都是形影不离的。

可是最近，不知怎么回事，在一次画画时，我和她之间的友谊，竟然让另一个同学小曾给取代了。

从那以后，陈晨不再和我一起玩了。我感到浑身不自在，像是缺了什么似的。

更可恶的是，小曾是我最讨厌的同学，当然，小曾也很讨厌我。看着她和小曾一起玩，我就会莫名其妙地生气。我曾经最好的朋友，竟然和我最讨厌的同学在一起!

快要放暑假的时候，老师让我们自己组织假日小队活动，并且要提交方案。

我绞尽脑汁，策划组织了一个互换图书的小队。

表是我填的，"互换图书小队"的名字是我起的，活动时间、地点和日程安排是我定的，小组成员也是我给招呼的……

您说，这组织者不是我还能是谁? 可谁知道，事情偏偏不是这个样子的。

很快，假期到来了，我们的互换图书活动约定的时间也到了。

待我到达了约定地点，小队的同学看到我，竟然都很惊讶。

我也莫名其妙地看着他们，摸着自己的脸，向他们问道："怎么了？我的脸没洗干净？"

一各同学说："你不是不来了吗？我们正商量着把组织者改成陈晨呢。"

"谁说我不来了？"我一听就火了。

"陈晨说的。"

我的火更大了："我组织的活动，我能不来吗？我为什么不来？"

大家一听，都茫然地看看陈晨，又看看我，不知所措。

"我说过不来了吗？"我向陈晨质问道。

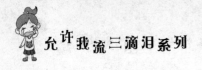

陈晨不理我。

"你说呀，我对你说过不来的话了吗？"我很生气，继续追问。

陈晨还是不说话。

她不回答，我也不再追问，然后对大家说："好了，我不是来了吗？我们开始吧！"

除去这点儿烦心事，我组织的这次活动，应该是比较圆满的，大家都有收获，玩得也特别开心。

没想到，活动快要结束的时候，更恶心的事又发生了。

陈晨对我说："这样吧，组织者，你就填两个名字吧。"

"哪两个名字？"我不解地问她。

"你的名字，还有我的名字呀！"陈晨竟然提出这样的要求，我非常惊讶。

不过看在我们曾经友情的分儿上，看在我们邻居加同学的分儿上，我更怕因为我的拒绝，彻底将我们之间的友谊摧毁，我掏出笔，在组织者的一栏上，把她的名字也填上了。

可实际上，我心里是极不情愿的！

活动虽然结束了，但我的心里却结了一个大疙瘩。

呵呵，现在说出来，我感觉好多了，我再也不想装下去了：装坚强、装大度、装满不在乎……

我凭什么处处要在乎她的感受，而她却一点儿也不在乎我的感受？

呜……亲爱的赵老师，您说陈晨是忘记了我们这段友谊了吗？我还可以挽回这段友谊吗？

樱花草　女生　四年级

情绪涂改液

亲爱的"樱花草"，你可真是个好女孩儿呀！活泼开朗，懂得谦让表妹，策划能力和组织能力都很强，珍视友谊……

最最可爱的是，有话憋不住，有什么说什么。我非常喜欢你这种性格！

尤其是读到信尾的时候，我仿佛看到一个女孩子，"叭叭叭"地敲打着键盘，倾诉完毕后，挥动着双拳，在给自己喊"加油"——"我再也不想装坚强，再也不想装满不

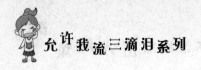

在乎了！"

呵呵，像你这样超超可爱的女孩儿，我敢打赌，你的烦恼来得快，去得也快，就像一阵风似的。

"说出来，我感觉好多了。"

那是当然的，倾诉的过程，实际上就是释放郁闷的过程嘛。等倾诉完毕，郁闷也差不多扔掉了一半。

交朋友，不像是做单选题，而应该是做多选题，朋友越多越开心。

按理说，陈晨多了一个好朋友小曾，你应该为她高兴才是。

"可恶的是"，你很讨厌小曾，小曾也讨厌你。

我想知道原因，但你没说。那我就劝劝你吧，多想想小曾同学的优点。

你可能一听就有点儿烦，但忍耐一下，听我说完哦。

每个人都有优点，也有缺点。从现在开始，你忘掉她的缺点，开始掰着手指头，数数她有多少优点，试试看吧，你对她的好感指数，肯定会一点点儿地往上升，你对她的友善，也会一点点儿地增加。

当你对她友善的时候，她肯定能感觉得到的，渐渐地她也会回报你的。这样一来，你们彼此间的"讨厌"，就会像阳光下的冰一样，一点点儿地融化掉了。

对于陈晨，可以看得出，她也是一个很要强的人，愿意参加集体活动，而且特别想当组织者，这是优点。令人不快的是，她提出的要求很无理——没有参与策划，没有组织队员，却要求挂上"组织者"的名分。

对于这样无理的要求，你做得很好，很有组织者的"范儿"哦。不仅没深究她"谎报军情"，而且，马上全身心地投入到活动中去。

依我看啊，陈晨很愿意参加你组织的活动，而且在活动中也表现得不错，把她的名字挂上，也没有什么不可以的，只要不是什么原则问题，给她一点儿面子也行呀。

如果你很坚持原则：参与就是参与，组织就是组织，那就友好地劝说她："你这样做，有点儿'假'哦，同学们对你会有看法的。"

如果她还要坚持挂名，你就和她商量一下，再策划一个"跳蚤市场"之类的活动，让她去组织。你可以帮她出

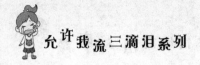

出点子，协助她，让她过过瘾，名正言顺地、名副其实地当一回策划者、组织者，她内心一定会感谢你的，而你，又没有违背自己的做人原则。队员们呢，也很受益呀——假期又多了一次相聚的机会，不高兴才怪呢！

希望我的建议，能解开你心中的疙瘩。

👑 成长小测试

测测你对友情的态度

周日，爸爸妈妈都有事外出了，你一个人在家闷得慌，决定出去逛逛街，买点儿东西打发时间，你会买点儿什么呢？

A. 挑一本感兴趣的书，消磨时间。

B. 买一个漂亮的包包小挂件。

C. 买几张偶像的正版影碟。

D. 买一堆喜欢吃的零食。

选项分析

选择 A：说明你对友情的要求较高，如果对方有哪一点不合你的意，你将会中止你与对方的友情。

选择 B：说明你对友情不太坚定。你比较在乎友情，却又不清楚自己需要什么类型的友情。

选择 C：说明你对友情很投入，但同时也要求对方对你绝对地忠诚。

选择 D：说明你对友情理智多于情感，在友情遇到问题时，你不会委曲求全的。

"丑八怪"的杀手锏

　　我特别渴望做一个开朗的女孩子，不想因为一些小事而生气、伤心。我也非常想和同学们做好朋友，可是，我的成绩有些差，再加上长得丑，同学们都不愿意跟我玩。我觉得自己很自卑，越来越内向，越来越孤独，我感觉自己一天到晚生活在痛苦之中。

　　有一次，我因为生病休息了几天，病好之后，去上课的第一天，正好赶上语文考试，结果考得很不理想。于是，一些同学就说了我很多坏话，说我人长得丑，学习又差，难怪没人跟我玩呢。当我听到这些话的时候，心里难过死了。我心想，长得丑，这是天生的，没法改变了，可是学习成绩可以通过后天努力改变呀。

于是，我上课好好听讲，课下好好复习，终于盼到了考试，也终于考得了高分。可是，那帮爱在背后嘀嘀咕咕的女生，还是到处说我的坏话，说我长得丑，没有人跟我玩，就只好死啃书本了。

唉，幸亏考得好，如果用功又考不好的话，她们一定说我是弱智了。害得我现在不知道是考高分好，还是考低分好。

还有一次，做值日时，教室里的尘土很大，我想给地上洒点儿水，而一个女生的作业本正好掉到地上，一不小心沾了点儿水，那个女生就对我破口大骂："喂，你长没长眼啊，你找死啊？把我的作业本弄得这么脏，我怎么交给老师啊！"我忍不住委屈地哭了起来，而旁边的另一个女生还帮她说话，添油加醋地说："对，告诉老师去，就说这作业本是她给弄脏的。"

当时，我心里痛苦死了。这本来不是我的错啊！

我很想把这些痛苦告诉爸爸妈妈，但我又不敢，我害怕他们也会骂我太笨，在班里被人欺负。

其实，除了我的成绩差点儿，长得丑点儿外，我还是有很多优点的。

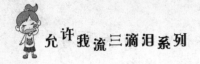

允许我流三滴泪系列

可我们班的同学却不这么认为。我的歌唱得好，他们谁也不知道，因为，每次我唱歌的时候都是躲在家里唱。

我学书法，曾参加过大赛，还获过大奖呢！

我唱歌唱得好，毛笔字也写得好，这些我都没说出来，不是我不愿意说，而是因为我害怕她们又说我的坏话，说我丑八怪歌唱得好、字写得好有什么用。

在学校发生的这些事，我都不会告诉爸爸妈妈，我只想有一个真正的好朋友，对我非常好的朋友，这样，我的这些忧愁就可以告诉她了，说不定她有什么好办法可以帮助我呢！

苦菜花　女生　四年级

♔ 情绪涂改液

"苦菜花"，从你取的这个笔名里，我就能感受到你在群体中备受欺负的痛苦。一个想快乐而又无论如何也快乐不起来的女孩儿，真令人同情！

我真想对那些欺负你的同学大吼一嗓子，但我吼管什么用啊，靠别人不如靠自己来得有效哦。要想结束这种痛苦的局面也不难，难的是，你要练练自己的胆量，去打败那个看别人脸色、性格懦弱的自己。

别人说你丑，你就认定自己丑？傻得好可爱哦！

我觉得小女孩儿只要打扮得干干净净，然后举止得体、礼貌待人，就都是很美的女孩儿。

从现在开始，你把自己最得意的一张照片带在身边。每天上学前，你要在心里对自己默念 10 遍："我很漂亮，我就是很美，我绝不在乎别人怎么看！"然后，昂首挺胸地走在上学的路上，走进教室。

当有人故意找碴儿欺负你时，你一定要反抗，并且知道怎么反抗。

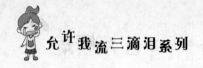

比如，对那个把你骂哭的女生，你一定要睁大一双咄咄逼人的眼睛，直视着她，然后大声地、一字一句地告诉她你的不满。呵呵，这个杀手锏很管用的。

马上，你就会享受到战胜自己的快乐和喜悦了。

如果你走出了这一步，我就要为你鼓掌喝彩了。这可是你开始慢慢地甩掉忧愁的最有力的表现啊！

在敢于对欺负你的人说"不"的同时，你也要注意观察那些人缘好的同学，看他们是怎么和别人交流沟通的，是怎么发展好朋友的，这会给你带来启发的。与人相处也是需要互相学习的嘛。

在班里的联欢会上，当你大声地唱一首自己最拿手的歌时，当你用漂亮的字体把班里的黑板报装饰得赏心悦目时，当你经过努力每次都能取得好成绩时，你就一定会感到，原来昂起头的自己是那么的美，也会让那些欺负你的人刮目相看。

只要你做到了上面这几点，我相信你的境遇会得到改善的。

"苦菜花"，我还想告诉你的是，当你遇到伤心痛苦的事情时，第一个寻求帮助的，应该就是自己的爸爸妈妈呀。可你却从来不把自己的烦恼告诉他们，你怎么就知道他们会骂你笨呢？这些只是你的猜测而已。

其实，天下的爸爸妈妈都一样，只希望孩子快快乐乐地成长。

在自己解决不了的情况下，你应该把自己的痛苦经历甚至一些细节告诉他们，并请求他们帮你分析原因，帮你出出主意。

你也可以向老师寻求帮助。当然，无论向谁寻求帮助，我觉得他们只是出出主意，帮你想想对策，记住，最终的一切还是要靠自己，因为每个人最大的敌人就是自己。

希望在不久的将来，"苦菜花"能变成"开心果"。

成长小测试

你的心理年龄是多少

在校园里，我们经常看到阳光灿烂、充满活力的人，

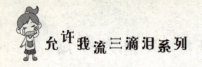
可你注意到没有，也有一些年龄不大却老气横秋、萎靡不振的人。对一个人来说，实际年龄并不重要，重要的是心理年龄。

不管你现在多大，请你如实回答下列测试题，将有助于你更好地了解自己的心理年龄。

如果有人偷吃你的零食，你会怎么做？

A．光明正大地拿出来给他吃。

B．气死了，马上臭骂他！

C．安慰自己，下次要藏好。

D．加点儿调料，引诱他吃。

选项分析

选择A：你不受实际年龄的影响，很活泼，很自信，与人为善，和老师同学都能相处得很愉快。

选择B：在成长的过程中，忧虑、烦恼和压力都让你高兴不起来。别看你年龄不大，可是却有点儿未老先衰。建议你把不愉快的东西、折磨你心灵的东西，通通丢掉，让它们见鬼去吧！时间一长，还愁自己变不快乐吗？

选择C：你比同龄人显得阅历丰富，经验颇多，有点儿了不起。不过，这个阶段是否来得早了点儿？

选择D：你古灵精怪，擅长装可爱、装无辜，想法无极限，生活很快乐，是个开心果。

彻底被拉黑

赵老师，我是一个好学生，但我最近非常郁闷。

有一次，我帮老师干活儿，碰巧遇到老师批评我们班的一个学生，说他不务正业，整天上网玩游戏；然后又指着我，夸我学习用功，从来不玩游戏。

没想到，从办公室出来之后，那个挨批评的同学就当着全班同学的面，指着我的鼻子，狠狠地说："你这个内奸，为什么要出卖我？"

我当时脑子就蒙了，天啊，"内奸"？多难听的一个词啊，太污辱我的人格了！

等清醒过来后，我也愤怒地指着他说："我不是内奸，我没有出卖你！"

"还说不是内奸，还说没有出卖我？你有老师的 QQ 号，不是你，还会是谁？"挨批评的同学（为了避嫌"出卖"他的姓名，暂且叫他"L"吧）又冲我咆哮道。

我解释道："有老师 QQ 号的同学有好几个呢，凭什么诬赖我？"

"你是老师的乖乖宝，不是你，还能是谁？"L 仍然义愤填膺。

真是岂有此理！就因为我是老师的好学生，就这么说我呀！

同时，我在心里也叫苦不迭：老师也真是的，干吗在那种情况下表扬我呀，可真把我害惨了！

因为班上大部分同学都偷偷地玩网络游戏，都怕老师和家长发现了，所以，他们宁愿相信 L，也不愿意相信我的解释。

在此之后，这些同学还对我实施了网络制裁呢。他们将我孤立，在好友录中把我删除，还将我列入黑名单。

最郁闷的是，现在，那些同学见到我，都躲得远远的。

天啊，我是冤枉的呀！我根本就没有告密，是其他同

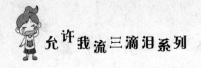

学的家长告的。

郁闷！

需要申明的是，我加老师的QQ，也是她主动找上门来的，不是我主动加她的。

我和老师的关系还不错，虽然我加她为好友了，可每次她上线时，我都隐身。

我还想过，让我们老师公开在班里替我澄清，说我没有打小报告。不过，这行不通。

我们老师是坚决反对上网的，而且差不多是恨之入骨，好像发明网络的那些人，跟她有什么深仇大恨似的。

我们班同学也特烦人特不争气，经常在群中骂人。只要一进群聊天室，就看到漫天脏字乱飞，如果这个群被老师发现了，肯定是要被查封掉的。如果这个群被封掉了，群里的那些人肯定又移恨于我，还不得把我给活活吃了！

顺便说一句，我们老师也不同意我们玩球类运动，只希望我们男生去跳绳、踢毽子，像女生一样。

就在今天，考完试后，我们班那些"掌权的"，又都因为上网问题，被老师批评了一顿。于是，孤立打击我的形势，更加严峻了。

　　我的哥们儿，也和我一样，也都很弱势，他们也根本

帮不了我，我连死的心都有了！

纪晓岚　男生　四年级

☆ 情绪涂改液

　　亲爱的"纪晓岚"，读着你的来信，我的眼前出现了
这样一幅画面：一个哀愁的、惊恐的、又很无助的小男生，
被一群人围在中间，被指责、被横飞的唾液淹没，还要躲

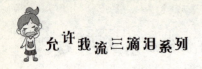
避随时有可能砸落下来的拳头……

一会儿，我的眼前又出现了另一幅画面：发泄了愤怒的人群，气哼哼地散去，而这个伤心无助的小男生，伸出胳膊，试图拉住这群人，试图再次解释着什么……

这个正在经受煎熬的小男生，真是令人同情啊！

毕竟，历史上的内奸都是被万人唾弃的，哪能随便让人背上这么一个沉重的包袱呢！

但是，亲爱的"纪晓岚"，这毕竟是一个误会，只不过，解除这个误会，让自己重新快乐起来，重新融入这个集体中，是需要一点点儿智慧的。

如果你的哥们儿很弱势，帮不了你，那就自救吧。

先攻破一个有同情心的"掌权者"的堡垒。以一个普通同学的身份，和他聊一聊自己内心的苦闷。

比如，你可以这样说：L 挨批评，而我又恰好被表扬，他会很自然地迁怒于我啊，这是可以理解的。我们的爸妈有时也会这样，经常会拿别人家孩子的长处，打击自己的孩子。于是，有长处的孩子就不幸被人讨厌了，而自己还不知道怎么回事呢。

坏情绪惹出大麻烦

争取到这个"掌权者"的同情和理解后，再找几个有影响力的同学，以同样的方式去向他们倾诉你的烦恼，争取更多的同情和理解。

这就叫"一一击破"。

呵呵，是不是觉得有点儿像打仗似的？

可不就是嘛，解决问题，都得讲究方式方法呀。

其实，班级群在我看来，就是一个玩伴，白天在学校，话还没说够，回到家里，继续说、继续贫……

一进群聊天室，群友就"嘴"中脏字乱飞。呵呵，既然这样，我建议你干脆不要进这个群，这也没有什么遗憾的。你退出后，就踏实地干自己的正事吧。

我和老师的意见一致：封掉。这没有什么好说的，整个一"垃圾站"嘛。除非它能起到应有的作用。

你也可以鼓动"掌权者"，拉同学们踢球去，这对精力旺盛的男生来说，也很有诱惑力。老师虽然不提倡阳刚男孩儿喜欢的体育项目，但并没有阻止呀，这也许能成功地将同学们玩游戏的兴趣，转移到运动中来。

如果大家真的离不开QQ群，那就好好打理它。把老

73

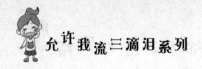
师加进来，把家长加进来，让它成为一个真正信息传递、交流沟通的平台。这岂不是坏事变成了好事？

亲爱的"纪晓岚"，读着你的信，觉得你很有纪晓岚的文才。呵呵，所以，我也希望你还能具备纪晓岚的机智——生存智慧哦！

👑 成长小测试

做个"没心没肺"的人

我们常说的"没心没肺"，指的是没心眼儿、不动脑筋、没有心计。这样的人，虽然偶尔会因为口无遮拦、向人掏心掏肺的，可能会有被人误解、被人伤害的困扰，但一般来说，他们会活得比较轻松。做个"没心没肺"的人难吗？做做下面的测试，了解一下自己吧。

1. 你会把钢镚儿放到储钱罐里吗？

    A. 不会。　　　　B. 会的。

2. 你有没有想过玩一次蹦极？

坏情绪惹出大麻烦

A．没有。　　　B．想过。

3．你的内衣一定要每天换洗吗？

A．不是。　　　B．是的。

4．听音乐的时候，你一定要听最近走红歌星的歌吗？

A．不是。　　　B．是的。

5．在看影碟的时候，你都能根据故事情节猜到故事的大结局吗？

A．不能。　　　B．能。

6．你会吃从来没吃过的东西吗？

A．会的。　　　B．不会。

7．你决定做一件事后，会坚持下去吗？

A．不一定。　　　B．会的。

8．你的东西经常乱扔乱放吗？

A．是的。　　　B．不是。

9．你平时在家里总是穿着很随便，只有出门的时候才会打扮吗？

A．是的。　　　B．不是。

10．你有每天锻炼的习惯吗？

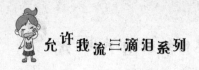

A. 没有。　　　B. 是的。

选择结果分析

选 A 多于选 B 者：你观察力强、感觉敏锐，情绪总是受外界影响，遇事想得太多，压力大，想做个"没心没肺"的人太难了。建议你不要太在意别人的看法，应该多在乎自己的真实感受。

选 B 多于选 A 者：你没有太高的期望，喜欢平淡的生活，做个"没心没肺"的人并不难。但有时情绪不太高，对什么都不感兴趣。建议你给生活增加点儿情趣，就比较完美了。

忧愁缠绕中等生

　　赵静阿姨，看过您写的《不想做个"隐形人"》之后，我感触特深。

　　我特别喜欢最后一个章节《听到掌声响起来》，也不禁为陈小绵在课堂上发出的"狂野狮吼"而吃惊。

　　我的语文、英语成绩还可以，但不稳定。数学嘛，就有些差了。

　　我的性格偏内向，遇到老师和亲戚朋友时，都不敢和他们打招呼。我知道这样很不礼貌，但是他们都很理解我，不会生我的气。

　　我喜欢安静，受不了闹腾，还特别多愁善感。

　　我的烦恼不是老师不关注我，而是学习好的同学都不

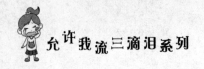
太愿意搭理我。不仅如此，最近，就连好朋友见了我，也像见了"透明人"一样。

其实，我小时候很合群的，人缘很好。可是随着年龄的增长，和朋友们的关系就渐渐疏远了。因为我不太喜欢凑热闹，总是喜欢待在属于我的那个角落里，默默地看着那些朋友们嬉笑打闹。

比如，我以前有一个很好的朋友，叫包如如。我把她当成我最好的朋友，可是就因为我喜欢一个人静静地坐着，她也慢慢地不搭理我了。

我能看出她失望的目光，她总是希望我能够和别的朋友在一起，开心地玩耍。可是我总是无所谓。不，是表面上的无所谓，内心却像被匕首一下下地剜着，很疼。

我对朋友好，表面上看不出来，因为我都是在心里默默为朋友们担忧。

这个样子其实挺麻烦的。

比如，我们班要组织旅游，坐大巴车的时候，我却不知道要和谁坐在一起，好像大家都不愿意和我在一起，我心里真的好难过。

我特别羡慕那些活泼外向的同学，他们总是很受欢迎，我真的很羡慕，羡慕到忌妒的程度了。

我多么想抛弃"冷漠"的毛病，敞开心扉，和朋友们分享我的快乐或分担我的烦恼呀！

也许我是一个中等生，根本没法儿和好学生一起玩吧。

学习好的那一帮人，喜欢现在的"非主流"的东西，也喜欢听那些韩国、日本的歌，而我不喜欢"非主流"那种黑乎乎、沉甸甸的东西，对那种歌也没什么兴趣。我更喜欢动漫形象，可爱一点儿的，比如史努比、哆啦A梦……

另一方面，也许我还有些小气。我特别爱生气，和同学闹了点儿小矛盾，人家一会儿就忘记了，我却老记着，就是放不下。

这样不仅与同学相处不愉快，自己也特别不开心。我是一个小心眼儿的人吗？我该怎样改正呢？

就因为我是一个中等生，很让人省心，所以班主任倪老师调座位时，不会考虑我的感爱。

本来，我是和我的好朋友朱华倩坐同桌的，但老师让差生钱晓雯和我坐同桌，于是，我就乖乖地同意了，坐到

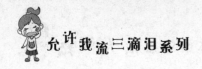

了朱华倩的后面。自从朱华倩坐到我的前面后，就不再缠着我玩了，可能她已经有了新的同桌、新的伙伴了吧。

有一次，最后两节课是活动课，老师让我们出去玩。

我想和我的好朋友沈一帆一起去玩，可没想到朱华倩早已约了她，我就和她们一起玩。

在玩滚筒时，我占了朱华倩的位置，她却毫不留情地把我赶了下去。

沈一帆看我很伤心，就叫上我，去玩另一个滚筒。朱华倩见我们那么要好，就不理不睬地走了。

晚上回到家，我无精打采，连觉都睡不安稳，老想着白天的事。

朱华倩气哼哼的样子，老在我的眼前晃啊晃的，我心里好别扭。我和她怎样才能重新成为好朋友呢?

老师,我的性格是不是很古怪?我和小说"烦恼就像巧克力"系列的隐形人陈小绵一样,在班上也备受冷落。难道我也要像陈小绵一样,在忍无可忍之际,暴露出内心的伤感吗?

透明人 女生 五年级

👑 情绪涂改液

亲爱的"透明人",你对自己看得"很透"哦。只是你在遇到困惑的时候,不知道如何去处理。

像一只受惊的小鹿,惊恐、无措;又像一只受伤的小猫,柔弱、悲切;更像一只离群的大雁,孤独、无助……

你现在需要做的,就是变得勇敢一些、自信一些、"忘我"一些……

这种改变,"第一次"非常艰难,但不久,你就会发现,好人缘又回到了你的身边。

从现在开始,你应该开始"丰富多彩"的第一次了哦。

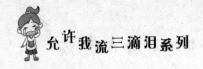

见了亲朋好友，见了老师和同学，让脸上的笑肌提起，深吸一口气，清清嗓子，然后大声地说声"您好"或"你好"，并且让脸上的笑容多保持一会儿。

当你想静静地待着的时候，那就待着吧。

当羡慕，甚至忌妒大家嘻笑打闹的时候，也别"端着"了，赶紧起身，去完成你的又一个"第一次"吧。

加入到他们的行列，不必在内心为他们担忧，他们可比你快活多了，你要做的，就是去增添快乐。

别人又不是你肚子里的"蛔虫"，哪里知道你何时想安静，何时想嘻笑呢？

人不可能永远热闹，也不可能永远安静，你只要跟着自己的感觉走，就应该很快乐，对吧？

人的兴趣爱好是有差别的，那就让它"差别"去吧。如果大家的爱好都一样，那么，这个世界也太无趣了。

他们喜欢他们的"非主流"，你尽管去喜欢你的可爱动漫好了。

抹掉你心中好生和差生的标尺吧，谁找谁玩都一样，没必要一对一。大家一起玩，或者轮流玩，玩它个满面红光，玩它个汗流浃背，哪有不爽的道理？

在和同学相处时，不要太在意别人的看法。比如，在大巴车上，无所顾忌，想坐在哪儿就坐在哪儿，只要有空位置就行。

说实在的，你并不冷漠，反而有一颗火热的心。你如果真正做到了上面说的"第一次"，估计大家都要抢着和你一起坐了。如果真的出现这种情景，你肯定会想：我如果有"分身术"就好了。

温馨地给你提个醒儿：安静与冷漠完全是两回事。

你可以继续保持"安静"，只要敞开心扉，你很快就可以分享到大家的快乐与烦恼；你也可以找他们热闹去。

至于做何选择，你就跟着自己的感觉走吧！

🔱 成长小测试

透过习惯看性格

早上闹钟响起，该起床了，不同性格的人会有不同的表现，你属于哪一种呢？

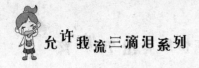

A. 关掉闹钟，赖在床上不起来，直到老妈来揪耳朵、掀被子。

B. 慢慢地起床，慢条斯理地刷牙、洗脸、哼歌，直到老妈急得跳脚。

C. 习惯早上洗头，原因是头天晚上洗头，头发会压翘了。

D. 闹钟响后，先坐起来听听音乐，或者听听英语，然后才会有条不紊地做事。

E. 闹钟一响，立即起床，穿衣服、洗漱后，一边吃着早点一边整理书包，有时甚至拿上面包、拎上书包，就噔噔噔地下楼了。

选项分析

选择A：没心没肺，性情开朗。

选择B：做事心里有数，懂得享受生活。

选择C：比较敏感，很在乎别人的眼光。

选择D：比较自信、乐观，做事稳当。

选择E：性子急、易冲动，做事沉不住气，但敢做敢当。

第三章

有时哭泣不是因为难过

快乐永远不会如潮水般涌来，

但我们可从日常生活中累积点滴的快乐。

鸡毛蒜皮的小事，

如果处理不好，堆积起来，

就会出大麻烦。

差点儿被球友踩扁

有一个烦恼，天天与我紧紧相随，那就是怕长不高。

作为男生，人人都想长到起码 170 厘米以上嘛，对此，我想您也会有同感吧。可我今年 12 岁了，才 150 厘米。已经过了生长高峰期的我，这两年都长得很慢很慢。伙伴们、大人们在一块儿聊天时，都推测我以后长不高，是个小矮个儿，怎么办呀？以前朋友都比我矮，现在个个都比我高了许多，我可不想一辈子都"低人一等"。

我虽然个子矮，却酷爱打篮球，可我却老是摸不到球，只能跟在高个子后面东奔西跑，常常差点儿被他们踩扁。而同学们的掌声，也总是送给那些个子最高的、风头最劲的球员，每每我都忌妒得要死。

还有，我这个人特爱热闹、爱聊天，可是，每次跟我们班高个子讲话时，我都得仰着头，而他则一副高高在上的样子，真让人扫兴和郁闷。

还差几个月，我就要上初一了，我很苦恼。我妈妈的个子就很矮，我好怕被遗传呀，恨不能把个子拔起来。为了长高，我还吃了好多东西，但都不管用。

不瞒您说，我的妈妈比我还担忧，她担忧的理由是怕我将来娶不着媳妇。娶媳妇？呵呵，对我来说，那是相当相当遥远的事情。不过，我现在上课倒是经常走神，总是幻想着自己长成了一个高大威猛的篮球明星或拳王，一拳

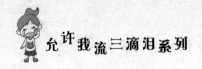
把那些高个子打倒，同学们则都拼命地喊叫着我的名字，女同学们都崇拜地冲我欢呼……

有什么办法让我再长高点儿吗？如果长大以后，我真的是个小矮个儿，怎么办呢？唉，烦死了！如果一辈子总是"低人一等"，那活着还有什么意思啊！

闷葫芦　男生　六年级

👑 情绪涂改液

"闷葫芦"其实一点儿也不闷哦，爱打球，爱找人聊天，就只是为身高苦恼而已。

是啊，那些具有修长的双腿和高大魁梧身材的人，总能引来很高的回头率，然后自己却只能装出不屑的样子。所以，长不高，是很烦哦！我很理解你想长高的迫切心情。

别担心，你才 12 岁，长个儿的机会还多着呢。到了青春期后期，有的男孩子的个子就"蹿"得巨快。有一点你要知道哦，那就是人体生长有两个高峰期，一是 0~4 岁，二是 12~20 岁。所以，你所说的"已经过了生长高峰期"

是不科学的。

你知道人为什么会长高吗？因为在人的骨骼与骨干之间有一个软骨层，这些软骨层的细胞不断增长并不断吸收钙离子，当骨骼一点点儿加长时，人就一点点儿长高了。如果你想长高些，应该从以下几个方面，赶紧进行补救。

经常进行适量的运动。比如，跑跳、跃起、打篮球（也可以摸高）、游泳等运动，都有助于下肢骨骼的充分发育；而伸展、引体向上等运动，则能够帮助脊柱的伸长。

保证足够的营养。在生长发育期要特别注意多吃肉、鱼、蛋、奶等蛋白质含量丰富的食物，还要配合多种蔬菜和水果，以保证骨骼不仅增长，而且增宽、增粗。

保证充分的睡眠也非常重要。还要注意，坐姿要端正，不能驼背，心情要舒畅。

幻想只能暂时缓解内心的自卑和焦虑，但不可能从根本上解决问题。"梦"醒之后，反而会让自己陷入更大的自卑和焦虑之中。长期处在焦虑中，会影响身体发育和身高的增长。

"如果长大以后，我真的是个小矮个儿，怎么办呢？"

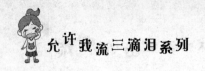

"如果一辈子都'低人一等',那活着还有什么意思啊!"

如果在生活中,每个人都为一些不如意的事情而自杀,那每个人都可以自杀八百回了。事实上,人生不如意,十之八九。可为什么大多数人还都那么好好地活着呢?因为大家都知道,人的生命只有一次,而活着,除了想长高这件事外,还有许多其他有趣的事情等着我们去做呢。

如果连你自己都嫌弃自己,那就别怪别人小瞧你了。你对人生的态度应该比你的身高更重要。

总之,当你为自己的个子矮小而苦恼时,还有人在为自己的太高、太胖、太瘦、太丑等而苦恼呢。所以,不要被这些烦恼击败,重要的是你要想办法摆脱这些苦恼,做一个让男生女生都喜欢的阳光少年、才华少年。

👑 成长小测试

你把握命运的本事有多大

你是一个优柔寡断的人,还是一个当机立断的人?当机会到来时，你是顺其自然，还是牢牢把握？做做下列测试题，了解一下自己吧。可从"是的""不是""犹豫不决"三种回答中选择一个。

1．刚回到家，却突然发现有东西落在学校了，马上回去拿。

2．即使身处陌生之地，也从没迷过路。

3．做事的时候，非常果断、利索，从不拖泥带水，或者追悔莫及。

4．购买东西时，不会流连太久，千挑万选，而是购物的目标性很强。

5．不害怕一个人晚上独处。

6．在专注做事的时候，也会稍稍关注身边发生的事情。

选择结果分析

选择4个以上"是的"的人：把握机会的能力很强，也非常相信自己的能力。别人对你非常认可，在拿不定主意的时候，也会找你寻求帮助。这种性格的优点是人缘好，处于

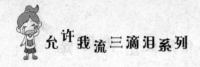

领头羊的地位。缺点是会由此听不进别人的意见，固执己见。建议你要学会包容，心胸要开阔一些。

选择 4 个以上"不是"的人：和一般人比起来，你把握机会的能力相当不错。不管任何时候，遇到任何事情，在重要的选择面前，你都不会感到恐慌和不安。你能独当一面，根据眼前的情况做出判断和选择。而一旦情况不如意的时候，你会非常沮丧、自责和后悔。其实完全可以放手去做，没准儿会有意外收获。

选择 4 个以上"犹豫不决"的人：总体来看，决断能力稍欠缺。遇事的时候有点儿慌神儿，需要做出决断的时候，有点儿不知所措。也就是说，你平时很自信，而一旦要为自己的命运做选择的时候，倒变得非常胆怯，老害怕做出失败的决定。

"三不小姐"心不爽

总的说来，我还算是个品学兼优的人。

在四·三班里，老师都很喜欢我，跟我关系铁的同学也很多。可是，有一件事却让我很烦，那就是上体育课。

同学们差点儿把眼珠子瞪出来，才把每周的两节体育课盼来，而我却跟同学们的心情恰恰相反，因为我一点儿也不喜欢上体育课。我只关心文化课，只要我语文、数学、外语课上得好就行。

反正我喜欢静不喜欢动，我的朋友也都说我不热爱体育运动。所以说，我的体育成绩一直不好，也是情理之中的事了。投铅球时，有时球还会从手上掉下来；跳高时连85.5厘米都跳不过去；50米我跑了11秒，而及格分数是

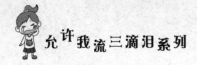

10秒。

我们班有个"小坏蛋"，老叫我"大懒猫"；还有人叫我"三不小姐"，意思是说我跑不快、跳不高、扔不远。

太讨厌了，不要这么叫我了！其实，我学习上挺勤奋的，不就是不爱运动嘛，真是的！唉，我也很苦恼啊！怎样才能提高体育成绩呢？我真想做个"野蛮女生"。因为，我们班里那几个"野蛮女生"的体育成绩，比男生还好呢。

以前低年级还没什么，现在到了高年级，体育课难度变大了，体育老师也要求得很严格。许多体育项目我都不及格，而这种情况我们班只有我一个，在全校也没几个吧？我常常因为这件事感到自卑。

这学期很快就要结束了，我们班又要进行体育考试了。老师说体育成绩不合格，就不能评这奖那奖的。同学们也都知道，除了体育，我是一个各方面都非常优秀的学生，拿不到奖状，同学们一定会嘲笑我的，爸爸妈妈也一定会批评我的，这叫我如何是好？

我不高不矮，不胖不瘦，什么毛病也没有，可是，为什么我的体育成绩就那么差呢？我该怎样提高我的体育成绩啊？真是令我太苦恼了！

就写到这里吧，我还要去锻炼呢，真是讨厌！唉，我哪有时间锻炼啊？要不是为了那宝贵的奖状，我才不去锻炼呢！

小补丁　女生　四年级

👑 情绪涂改液

在"野蛮"过头的今天，女生们都想回归"淑女"，可"小补丁"却要愁眉不展地想做个"野蛮女生"，真是不容易啊！

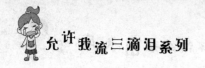

的确，"大懒猫"和"三不小姐"实在太难听了，你越不让他们叫，那些精力过剩的捣蛋鬼就越会叫得欢，把你气得发疯，他们才觉得有成就感呢。

最好的办法，就是努力锻炼，争取跑得快、跳得高、扔得远，才能堵住他们的嘴巴。

你可能会想，哪有那么容易的事啊，何况每天的作业任务那么繁重！

要我说呀，你就别总为自己的懒惰找借口了，什么我的学习太忙了，我的作业太多了……我想，就算你忙得不可开交，就在身边小小的空地上动一动，时间不长，20分钟总还挤得出来吧？也许你也听过这句话吧，叫作"生命在于运动"。只有适当运动了，才会让自己的精力更充沛，学习的效率更高，嘿嘿，还有，能使你的身材更苗条一些哦。所以，锻炼跟拿奖状只有那么一点点儿小关系，而与健康和美丽却有重大关系呢。没有了好身体，整天懒懒散散，哪还有劲头学习呀？

你跳不高、跑不快、扔不远，实际上跟你的爆发力差有关。给你推荐一个特别省事、省时、有效的体育运动吧，那就是跳绳。如果哪天你能在一分钟内跳180下，你那"三不小姐"的"桂冠"估计就能被摘掉了。

课间休息时可以在走廊上跳；放学后可以在楼下或在小小的阳台上跳。坚持跳吧，你会越跳越轻巧，越跳越快的，时间一长，你会发现自己的体力增强了，而且你的毅力也在无形中得到了考验。注意，运动后要记着做整理运动哦，动作要缓慢、放松，使身体慢慢恢复休息状态。

体育成绩的好坏虽然有天生体质的因素，但后天科学的锻炼方法和营养调配也是提高成绩的途径。何况，你什么毛病也没有呢。

总之，要想提高体育成绩，坚持锻炼是唯一的出路。必须持之以恒，而且越早越好！

成长小测试

你的魅力指数有多高

魅力与人的外貌、气质息息相关。你想知道自己的魅

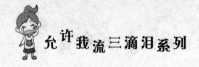

力指数吗？请回答下列问题。

1. 你总希望靠自己优雅的举止来引起同学和老师的注意吗？

    A. 常常。

    B. 偶尔。

    C. 很少。

2. 同喜欢的朋友坐在一起时，你经常采取哪种坐姿？

    A. 双腿分得很开。

    B. 一条腿跷在另一条腿上。

    C. 双腿交叉放在椅子下面。

3. 与欣赏你的人交谈时，你会怎样？

    A. 很放松地站着。

    B. 双手交叉，放在肚子上。

    C. 双手背后，昂首挺胸。

4. 走路时，你是晃晃悠悠地走还是沉稳地往前走？

    A. 脚步稳，走路快。

    B. 不一定。

    C. 晃晃悠悠。

选择结果分析

选A得3分，选B得2分，选C得1分。

8分以上：你很有魅力，很会发扬自己的优点。

5~8分：你的魅力一般，但有发展前途。

5分以下：你的魅力较差，管不住自己，赶紧想办法改善吧。

爸爸妈妈离婚后

在我 7 岁那年，爸爸和妈妈就离婚了。

从那以后，我总是愁眉苦脸的，心被堵得胀胀的，怎么都开心不起来，也很少开心地笑过。每当看到别的小朋友和自己的爸爸妈妈一起去玩、一起去吃"开心汤姆"、一起去买衣服……我都非常地伤心，我也再没有享受过父爱的甜蜜了。为此，我不知道自己哭过多少次了。那时我才上二年级，别的同学都是家长送来的，而我都要自己坐车去学校，每次都是累得气喘吁吁地走进教室，回家也只有自己拼命地学习，每天都过得没有乐趣。

好不容易度过了这几年，我上六年级了。现在，不但父爱对我来说很陌生，我妈妈也根本不关心我。每天放学回来，疲惫的我心情已经不好了，家里本来就窄窄的，妈妈还三天两头儿叫人来打牌，弄得家里像个垃圾场一样。

我妈妈从来不过问我的学习，只知道看成绩，考得不好就骂我。妈妈只看结果，却从不重视过程。我没有一天不受气的，没有一天不伤透了心的，也没有一天不哭的。每天都像跟妈妈打仗似的，每一天都要跟妈妈吵个不停。每每看着别人一家子开开心心的，我都无比羡慕。

看着以前和爸爸妈妈的合影，一颗颗泪珠不停地从我的眼中流下。现在我只能看着以前的照片发呆，回忆以前美好的时光。我多么希望我还能回到刚出生的时候，在爸爸妈妈的怀中甜甜地睡着……

小的时候，我就好比一只小鸟一样，快乐、自由，整天抱着洋娃娃跟爸爸撒娇，每天

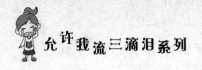
都过得无忧无虑。现在呢？背着学习的包袱不算，每天都过得无乐无趣，每天几乎都泡在泪海里，躲不掉，也不能逃，每天都只能皱着一张苦瓜脸。十二年来，快乐的日子屈指可数，伤心的日子不计其数呀！

小苦瓜　女生　六年级

👑 情绪涂改液

亲爱的"小苦瓜"：

　　呼唤着你给自己取的这个笔名时，我的心感到很沉重。小小年纪，却承受这么大的精神压力，真是让人难过。

　　原本很幸福的三口之家，因爸妈的离婚而解体。这对于一个既渴望父爱又渴望母爱的小孩子来说，的确是一种不小的打击。不过，父母要离婚，也是我们小孩子挽回不了的。事已至此，再伤心也没什么用，那就顺其自然吧。你现在要做的是，学会坚强、勇敢、乐观地面对这个现实。当你坦然地面对现状后，你还要学会智慧地让自己获得父

坏情绪惹出大麻烦

爱和母爱。

从你对以前甜蜜生活的回忆来看，你爸妈还是非常爱你的，只不过，情况变了，爱的表达方式也会随着改变。但你要坚信，他们内心深处还是非常爱你的。

有了爱的信念，你可以这样理解你的爸爸：他可能很忙或者住得太远，无法像以前住在一起那样去关心你了。你可以主动给爸爸打电话嘛，把你最近的进步告诉他，让他也替你高兴一下；有时，也可以把你升入小学毕业班后的压力向他倾诉，这样会让爸爸觉得你对他很信任。还有，你也可以关心关心爸爸的身体哦，让他感动一小下。如果经常这样做，即使不住在一起，你和爸爸也不会再有陌生感了，而且，爸爸也会了解你最近的情况，慢慢地，他会跟以前那样关注你的。

对于妈妈，你也可以好好发挥一下"小棉袄"的作用啊！

离婚以后的生活往往比较单调，妈妈可能会感到空虚和寂寞，所以，她会经常找一些人来到窄小的家里打牌，这一旦成了她排遣空虚和寂寞的方式后，你的日子当然就不怎么好过了。

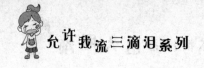

　　这时候，就需要你动动脑子，想想办法啦。你可以连拉带撒娇地请妈妈带你去公园转转，带你去看一场电影，或者在周末，征得妈妈的同意，邀请同学来家里聚会或者做作业等。我相信，只要你一心替妈妈着想，一定会感动妈妈的。这比你偷偷地伤心落泪、跟妈妈大吵大闹应该更有效一些。

　　只要你改变了妈妈的生活态度，就会改变家里沉闷和无聊的氛围。

　　你说你从二年级开始，就自己挤公交车上学，知道拼命地学习，我真替你高兴。当你看到同学被父母呵护时，你可以感到失落，但绝不要感到难过，你要为自己比同龄的小朋友更有独立生活的能力而感到自豪。

　　好了，擦干眼泪吧，经历了这么几年，反正也知道眼泪已经没有多大用处，那就告诉自己："用笑声代替哭声，用温暖的话语代替争吵声，没有什么大不了的，我要主动出击，去挽回那渐渐远去的父爱，去温暖妈妈那颗空虚而寂寞的心。"

　　努力吧，让伤心的日子屈指可数，快乐的日子不计其数，如果这样，我们的"小苦瓜"就会慢慢长成一个"大甜瓜"了。

👑 成长小测试

你的挫折感来自哪儿

当你打开家门正要外出散步时，突然撞到某人而使自己跌倒，你想对方会是怎样的人呢？

A. 邻家的同龄孩子。

B. 送牛奶的人。

C. 建筑工人。

D. 同学家那个固执的老爷爷。

E. 时尚的帅哥或美女。

选项分析

选择 A：你在与人交往中常会很累心，换句话说，你的挫折感来自与同伴关系的不太友好。

选择 B：你在学习成绩或知识面上，有着某种程度的挫

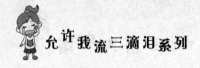

折感。在潜意识中，也许你是个不愿用功或者在学习上没有钻劲儿的学生。

选择C：在潜意识中，你觉得自己的体力不如人，在这方面常有挫折感。

选择D：你是一个逆反心理比较强的人，在处理问题时，一直承受压力。

选择E：你看不惯有个性的人，有种合不上时代节拍的挫折感。

黑夜中眼泪狂奔

　　爸爸调动工作了，所以，我和妈妈随着爸爸，从泉州搬到了福州，我也从原来的学校转到了现在这所学校。

　　对于调动工作和搬家，爸妈非常高兴，可是对我来说，却烦透了。我真不想离开原来的城市、原来的学校、原来的同学呀！

　　现在，我来到新学校都十多天了，可我还是连一个人都不认识，同学们对我也是不冷不热的，无论做什么，她们都是成群结对、说说笑笑、打打闹闹的，唯独我一个人孤孤单单的。

　　我承认自己性格腼腆，胆子很小，不爱说话，但在原来的学校上学时，我还是有不少好朋友的，我的内心是快

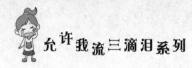

乐的。

　　我不知道以前我是怎么和同学相处的，是每天板着脸装酷，还是往脸上挤点儿笑容？我想肯定不会是这样的，但是，我现在就是这个样子。

　　天天这样伪装着自己，真是很难受呀！我有时甚至会问自己："这还是你自己吗？"

　　孤独的我，现在上课总是走神。在一个个寂寞孤独的夜晚，我总会特别想念我以前的好朋友群群。群群的学习可好了，作文写得超棒。没转学前，我们总是形影不离，连上厕

所都相互陪着。唉，我为什么要和好朋友分开呢？我们为什么不能在同一所学校上学呢？有什么办法让我们永远在一起吗？我们可是有真正的友谊的，是那种唯一的好朋友。

也许您会"教导"我：真笨，你可以写信啊，打电话啊，网聊啊……

没错，这些我都试过了，可是，不知怎么回事，她的QQ头像永远是灰的，就像我的心情一样，灰蒙蒙的。

她的手机永远拨不通，但是，我还是不停地拨，发疯地拨……

泪奔！

寂寞的夜晚，我常常思念她（再次飙泪），这种思念变成了一种担心，一种痛苦。她是手机丢了，还是遇到了什么事？唉，如果当时留下她爸妈的手机号就好了，或者留下了其他同学的手机号（我一直只有群群的手机号），也可以打听一下她的消息呀。

我常常对着明月许愿，几年之后，如果我们能在同一所大学相遇就好了。

请问赵静阿姨，如果我一辈子都联系不到我这个好

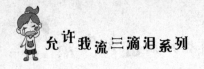
朋友怎么办呢？如果我一直融不进新学校、新班级怎么办呢？总之，爸妈说，回到从前的地方是不可能的了。真是愁死我了！

玫玫　女生　四年级

👑 情绪涂改液

亲爱的玫玫，你可真是一个有情有义的好孩子，读着你的信，我也开始泪奔。不仅仅是为你不停地、发疯地拨那个拨不通的手机号，也为你新环境中孤独的身影。

在人生的道路上，"分开"，也就是离别，这很正常，没什么大不了的。长大了，还要与父母"分开"呢。事实上，有了痛苦的"分开"，才会有美好的相聚，而且还会因为"分开"，让你有机会品尝思念的滋味。

在我看来，虽然你们的联系方式中断了，但友谊并没有中断。如果实在联系不上，那就收回心思，好好地学习，努力地学习，有机会可以回泉州探亲，或长大后，回泉州寻找童年的足迹时，或许能给彼此一个惊喜呢！

真诚的朋友，不只有一个哦，而是要多多的朋友：普通朋友、知心朋友……

你的孤独与思念，我非常理解。可不是嘛，一个人到了陌生的环境，很自然地会怀旧，也会有点儿紧张与不安。你会审视新老师、新同学，你会与原来学校的老师和同学作对比。但这种状况通常只会持续半个月，顶多两个月，如果超过了这个时间，那就会出问题了。

新同学对你不冷不热的，并不是他们欺生，而是你的心理承受能力相对有点儿低。

从信中可以看出，你也非常想摆脱孤独的魔爪，想要结交新朋友，融入到新集体中。呵呵，你有这样的愿望，那就太好了！你苦于没办法，那就教你两招儿吧，很灵的。

和爸妈聊聊，寻求理解与帮助。

试着在学校找一找同乡。比如，你试着打听一下有没有老家是泉州的同学。其实，向同学打听的时候，就已经在与人做友好交流了。

同时，你要尽快记住每一位同学的名字。在课堂上，尽你所能地多举手回答问题，你会很快被众人关注的。

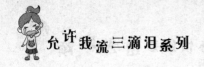

平时，让脸上挂着真诚的微笑，而不是那种挤出的笑。可不要装酷了，这样做太没劲。你微笑，保证你的心情马上变好，你的心情变好，你的好人缘就来了。马上试一试，咧开嘴巴，想着最令你开心的一则笑话，或者一本漫画书。

敲开裹着自己的"壳"，寻找一两个"面善"的同学，主动与他们分享自己过去的学校、老师与同学。越聊越开心，双方的话匣子不就收不住了吗？

然后就可以试着邀请他和他的好朋友一起去你的新家做客，你的好朋友自然就越来越多了。

在班里，也可多做一些琐碎的事。比如，主动擦黑板、擦桌子、倒垃圾……最终你得到的回报是大家对你的好感。

我不知道你有什么特长，比如唱歌、书法、跳舞、朗诵等等，如果有，尽量在各种活动中展示自己，你不但人气会马上飙升，还能给班集体增光，真是一举多得呀！

还有什么招数？呃，暂时就这么多吧，想起来了再告诉你，等着你的好消息！

♔ 成长小测试

你的怀旧情结有多浓

因种种原因，每个人都会经历分别。分别之后，每个人的心里都会有一种怀旧情结。那么，曾经历过分别的你，现在是否还在牵挂着你的好朋友？

假期，你的好朋友随着父母工作的调动，离开了原来的学校。开学第一天，班主任将此消息告诉你，你的第一反应：好朋友转到哪儿去了？

A. 转到国外了。

B. 转到另外一座城市了。

C. 转回他的老家了。

D. 转到一个任何人都找不到的地方了。

选项分析

选择 A：说明你对好朋友的感情现在有点儿淡了，但想起你们曾经的美好友谊，你还会念念不忘，暗自伤神的。

选择 B：说明你还很惦记好朋友的，但是又不明白好朋友为什么没提前告诉你，这让你的心情很纠结。你仍期望有

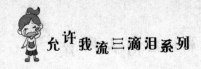

一天，好朋友会突然出现在你的面前，给你一个惊喜。

选择C：说明你很遗憾，也很生气，因为好朋友没有将转学的消息提前告诉你。你不想再理他了。

选择D：说明你不想原谅好朋友的不辞而别，不想再与他有任何联系了。

遭遇七大烦心事

赵阿姨，我很喜欢看您写的《顶嘴小孩儿的烦恼》，我就是一个爱顶嘴的孩子，现在我有几个烦恼，希望您能给我一些指点。

第一个烦恼：我看什么都不爽。

我喜欢动物、植物、童话，其他的东西都是一看就不爽：看弟弟做错事不爽，妈妈不给我买书不爽，老师污辱我不爽……为什么？

第二个烦恼：我不喜欢书法，妈妈为什么偏偏给我报书法班？

去学书法的第一天，我看见了书法老师——刘老师。从外表看，他显得和蔼可亲，我就对他产生了好感，心想，

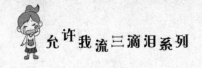

就安安心心地在他那儿学习得了。可是，路遥知马力，日久见人心啊。时间一长，刘老师终于露出了他的"庐山真面目"。有一次我很努力才得了 95 分，他很不满意，还训我："写这么难看的字！"他真的是坏透了，根本不管我努力不努力。

所以，我非常讨厌书法，可是妈妈偏要给我报班，烦死了！

第三个烦恼：这几天我们班举行春游，去肇庆，我们班同学都去，就我不能去。本来妈妈答应让我去的，可现在她又反悔了。为什么大人们老是说话不算数呢？

第四个烦恼：我实在受不了了。

今天，在奶奶家吃饭，电风扇坏了，奶奶说是"烦嘴阿太"（我的太奶奶）弄坏的，我心里顿时燃起了怒火，想起太奶奶的种种坏习惯。她有一个破记性，啥事都记不住！说过的话、做过的事总记不住！比如说，让我多吃饭，讲了一遍又一遍！真烦！好像要我吞下整个地球，她才满意！气死我了！想到这里，我就想狠狠地给她一个白眼！

还有，每次只要我在，太奶奶就要我穿针引线，真不

知道她哪儿来这么多衣物要缝。我问她，她的理由总是一样——先穿好，下次万一你不在，我要缝东西，眼神不好穿不进去线怎么弄？拜托，听着就好笑：姑姑、奶奶一直和她一起住，穿针交给她们不就行了吗？再说，家里有缝纫机，用缝纫机不就完了？想到这儿，我忍不住又朝她——"烦嘴阿太"瞪了一眼！

结果嘛，可想而知——吃了一顿妈妈的"唠叨经"。

第五个烦恼：姑姑为什么很讨厌？

我特别讨厌我姑姑，她总是自以为是，老在妈妈面前说我这个不好，那个不好。烦死了！每当妈妈不在家时，

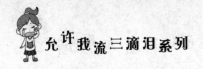

她还总拿我家当她家。好讨厌!

第六个问题:男女生之间为什么很"那个"?

我们班里,男女生之间很……很"那个"。有一次,一名男同学过生日,班里N多女生都去了,因此,在寿星家里,那帮给他祝寿的男生们,就说我们这些女生,全都是寿星的"女朋友"!我就不明白了,为什么男女同学之间就不能交往,就不能说话,一说话,就有点儿"那个"了?真是的!

第七个烦恼:我为什么忍不住和妈妈对着干?

妈妈是老师,特别喜欢她班上的一个学生,常常把我忽视了:和他一起去欢乐世界,请他吃饭、喝茶,把我的巧克力、糖、牛奶、学习用具送给他,还每个星期给他发短信、聊天,偷偷地带他去买学习用具……这一切,她都不让我知道。妈妈老说他成绩好,不会气她,说我到了叛逆期,翅膀硬了。

妈妈每次叫我做事,我都会不由自主地和她对着干。其实我也不想这样,但是似乎总是控制不住自己。每当我看到妈妈头上的银发,又总觉得很内疚。

阿姨，帮我出出主意吧，我真的很期待。如果您不回信，我就会缠着您的，直至您不耐烦了，就会给我回……回……回……了（悠长的回音啊）。

嗳 V 絶怼　女生　五年级

♔ 情绪涂改液

亲爱的"嗳 V 絶怼"：

首先要说明的是，你不缠着我，我也很乐意给你回信的。原因很简单——你信任我呀，我们是好朋友嘛！

从你的语言表达特点来看，你一定是个敢爱敢恨、快言快语、心里藏不住事、每天有点儿气鼓鼓的孩子。呵呵，很有性格呢，我喜欢真性情的孩子！

你的烦恼虽然都是鸡毛蒜皮的小事情，但是，如果解决不好，生活就会乱成一团麻。

按你提出问题的顺序来回答吧。

第一个烦恼：做自己喜欢做的事就爽，遇到不喜欢的事就不爽，人之常情嘛。很简单，你只管做自己爽的事，

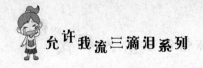

不理会那些不爽的事。

第二个烦恼：需要纠正的是，你只是不喜欢教书法的这个老师，而不是讨厌"书法"本身。不喜欢书法老师，是因为他说你的字写得很难看。要因此放弃书法的学习，太不划算了。放硬气些，课上好好听，课下好好练，写出一手好字来，让刘老师开开眼。

第三个烦恼：妈妈不让你去的理由是什么？是担心安全，还是另有安排？请把妈妈的想法搞清楚后，再继续争取，直到成功。

第四个烦恼：恕我直言，你对太奶奶有点儿不恭敬了，她可是家里的老寿星啊！太奶奶年事已高，记性不好很正常，真不知你的"火"从何而来。偏偏选你"穿针引线"，不停地让你大吃特吃，可见，你在太奶奶心目中的地位很高，你竟然厌烦透顶，不停地送她老人家白眼，真是白疼你这个不孝之重孙女了。我相信你知道自己该怎么做了，对吧？

第五个烦恼：呵呵，姑姑是客人，既然她不拿自己当外人，那就随她好了。只要你对她礼貌点儿，她就不会告你的状了。

第六个烦恼：男女生之间有点儿"那个"，很正常啊。不都是跟电视上学的嘛，当好玩儿，一笑了之呗。

第七个烦恼：妈妈关心那个学生，也没有刻意躲着你，只不过是没告诉你罢了，别吃他的醋，老妈永远是你的，谁也抢不走；既然对老妈有愧疚感，那就学乖点儿，别老和妈妈对着干，说得对就听，说得不对也得给她留个面子嘛。

成长小测试

测一测你是否有逆反心理

阅读下面的问题，选择"是"或"否"。

1. 你欣赏与老师对着干的同学吗？

2. 你是否对班干部指手画脚很讨厌，而故意不按他的要求去做？

3. 老师和父母越是要你用功学习，你越是不想学习吗？

4. 老师的话很多都是有漏洞、有问题的吗？

5. 你喜欢与众不同吗？

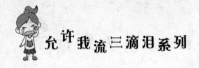

6.别人的批评常常引起你的反感和愤怒吗?

7.一旦决定了干一件事,不管别人指出这件事多么成问题,你也不会改变主意吗?

8.对别人不敢干的事你特别想尝试一下吗?

9.你是否觉得父母和老师不应该为一些小事大惊小怪、小题大做?

10.对批评你的人,你都感到讨厌和恼恨吗?

选择结果分析

答"是"记1分,答"否"记0分。各题得分相加,统计总分。

得0~3分:你的逆反心理很弱,这使你只干并且只喜欢干该干的,不去干不该干的。

得4~7分:你存在一定的否定倾向,激动时你可能丧失理智,意气用事,有时会做一些不该做的傻事。

得8~10分:你有相当严重的逆反心理。你所做的总是与众不同,与习俗和规定不符。如果你不清醒地意识到这一问题,不努力加以克服,你只能是一个不受大家欢迎的独行者。

第四章

拒绝是一种权利

接受我们可能遭到拒绝的可能性。

不要把希望寄托在别人身上,

这会使你处于被动地位。

拒绝做才女

　　我是一名酷爱语文的女孩子。我不喜欢数学，是因为我们的数学老师才 20 岁左右，经验不多，脾气很大，动不动就骂同学。因此，我的数学成绩一下子就落下了一大段，小测试从 90 多分掉到 80 多分。有一次，我居然只拿了 62 分，家人知道后，把我大骂一顿，我好伤心呀！

　　此外，我还有点儿讨厌我的家人，尤其是妈妈。她就跟一个母狮子一样，每天都让我学许多东西。这两年来，我被妈妈逼着上各种培训班，如古筝、竖琴、电子琴，还让我上许多补习班、提高班、同步学习班等，有小学作文、剑桥英语、新概念英语以及电脑班等，累得我连喘气的时间都没有了。其实，我觉得没学到什么东西，还浪费了大

坏情绪惹出大麻烦

量的时间和金钱。

我实在太厌倦了，每一次去上课我都听不进去，因为我老操心学校老师布置的作业还没有做完呢。再加上旁边的同学不好好听讲，抓紧课堂时间偷偷聊各自学校的事情、聊游戏、聊球赛等，在这样的环境下怎么能学得好呢？

有时候，琴弹得不好，本来我就很烦，苦恼自己怎么那么笨，连一首曲子都弹不好。可这时候，妈妈却"狮口大开"，大喊大叫地训斥我。我也知道，爸爸妈妈是为我好，不过，也太狠心了吧。什么都让我学，结果，害得我的眼睛因疲劳近视高达 300 度，我才四年级呀！他们非要把我弄成一个才女，哼，我宁愿天天上数学课也不愿当他们心中的才女！

唉，不管怎么说，妈妈还是要检查我的各项学习的，所以，还是

125

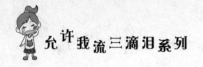

想请您告诉我，为什么我怎么练也练不好呢？我怎样才能练得少，又练得好呢？不过，我还是好羡慕那些只上一两个培训班的同学啊，希望爸妈也能多留给我一些可以自由安排的时间吧！

果冻（阳光味的哟）　女生　四年级

👑 情绪涂改液

　　阳光味的"小果冻"，你知道吗？当妈妈知道自己的女儿把自己比作"母狮子"，把自己开口说话叫作"狮口大开"时，心里也不知道有多难过，有多委屈呢。这可能是她万万没有料到的。要知道，为了让女儿能成为一个才女，她得省吃俭用为你交学费，并且会为督促你的学习而搞得心力交瘁的。

　　不过，我真的觉得你是个小才女，什么都学一点儿，什么都懂一点儿。我要是你，现在肯定超级自信呢！

　　别看你现在坐在琴凳上，手指不停地弹啊练啊，心里不停地讨厌着妈妈，可是，当你升入中学后，或者长大以后，你就会知道，会一门乐器是一件多么让人羡慕的事啊！长大以后，当自己心情很不错的时候，弹上一首优雅的曲子，会让你更加心旷神怡；当你学习累的时候或工作压力大的时候，弹上一首激昂的曲子，就可以把你的压力全部释放出去。

当然这是长大以后的事情，现在就说说眼前的事情吧。你妈妈可能是觉得以后的社会竞争压力太大，想让你有"多"技之长，恨不得让你一下子变成超人，而不是你说的"才女"。所以，重压之下，难免会对你的要求过于严苛。可怜天下父母心，你首先要多多体谅哦。

体谅的同时，你要学会和父母交流，说说你想做什么和不想做什么，在交流之前，你要考虑好充足的理由，这样才能让爸妈心服口服呀。

你告诉爸妈，上培训班首先要有充沛的精力。如果你在学校的功课都很吃力，比如你现在的数学情况，还要去接受那么多的特长教育，谁消化得了呀？因为报的校外培训班太多而影响正常功课的学习，这很得不偿失的。

如果爸妈不服，那就把"矛头"直接指向他们，问他们成年人，如果本职工作还没有做好，就去外面兼职，能

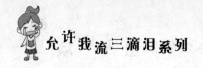

做得好吗？说完后，如果他们没有朝你"狮口大开"，那你乘胜追击，接着告诉他们，上培训班要照顾你的兴趣，有所选择。不管什么班，一律都报，每天跟"赶场救火"似的，培训班只能变成一种沉重的负担，这样是不会有好效果的。

还有一招儿最能打动爸妈，那就是你做出一副乖乖女的样子，声情并茂地向爸妈表白："爸爸妈妈，我知道你们让我学这学那，去参加各种补习班，是因为爱我，是为我的前途着想。每次看到你们为我交了那么多的报名费，而我什么也没有学成时，我心里难过死了。我知道，你们挣的也都是辛苦钱，工作那么忙，每天还得陪我'赶场'，跟我一样苦上加苦……"

趁着他们感动得眼圈发红的时候，赶紧提出建议：事实上，什么都想学，结果什么也没有学好，倒不如选一两样，集中精力把它们学好。比如，音乐是相通的，选一样深入学习，别的就可以触类旁通了，不必是"琴"都得学；英语可以报一个，不必剑桥英语、新概念英语什么都报，免得东一榔头西一棒子，知识学得七零八碎，最后一点儿也不扎实……

如果爸妈还有什么疑虑的话，可以让他们再向老师求证一下，你就算是大功告成了。

最后祝我们"阳光味的果冻"快乐和自信，学习进步，能阳光地享受生活！

👑 成长小测试

你平时靠什么来顶住压力

在压力面前，你最需要什么来支撑自己？不妨做一做如下测试：花好月圆的中秋节之夜，你喜欢在什么地方赏月？

A．平静的湖边或海边。

B．山顶上或者高高的楼顶。

C．小区公园。

D．立交桥上。

选项分析

选择 A：当遭受打击的时候，你最好的安慰是亲情，比

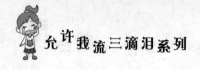

如爸爸妈妈。

选择B：你是一个很乐观的人，相信再大的压力自己都会挺过去，只需要和好朋友吐吐苦水、发发牢骚即可。

选择C：你比较喜欢靠幻想来排解压力和焦虑。这样的排解虽然可以免一时之痛，但从长远来看，你还需要增强自我应对压力和挫折的能力。

选择D：你平时喜欢把自己的学习和生活安排得满满的，因此，你的压力就会很大，时间长了，你给人的感觉就是比较孤僻阴沉，与人相处也不太和谐。所以，你最需要做的是给自己适当安排一些休闲放松的活动，来缓解压力。

抠门儿与无赖

前几天，我们班的同学向我借了 10 元钱，我爽快地借给了他。他说好第二天就还，可是过了七八天，他仿佛把这件事忘记了似的，并没有还我钱，我就提醒了他一下，他说不就是 10 元钱嘛，着什么急呀？你不会那么抠门儿，把钱看得那么重吧！他这么一说，倒让我不知道说什么好了。

到现在他还没有还我钱。我现在真的很矛盾，不知应不应该再去提醒他一下。如果我催他还钱，他肯定会在同学们面前说我小家子气、抠门儿；如果不去要，则要损失 10 元钱。其实，10 元钱对我来说不算什么，但如果每个人都像他这样跟我借钱，我可就吃不消了。

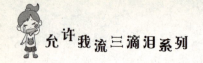

是顾着面子呢，还是去把钱要回来呢？

无奈男孩儿　男生　四年级

👑 情绪涂改液

你这个问题太有代表性了！早就有很多类似烦恼的人，向我倾诉他们跟你类似的生活经历。正好，借这个机会让我们来探讨一下这个问题吧，然后找到最佳的解决办法，再然后呢，就让这类烦恼离我们远远的。

首先我很理解你的"面子"问题。其实，我认为你在照顾自己面子的同时，也在照顾他人的面子，说明你很善良。可是一旦人的善良被没有诚信的人所利用，那么这种善良就不可取了。

就拿这件具体的"10元钱"的事来说吧。如果他真是忘了，经过提醒，正常的反应应该是很不好意思，而且很快还给你；如果他是拖着故意不还，还说着怪话，那就是品质问题了。虽说用"品质"一词对小学生来说有点儿重，但这确实属于"诚信"问题。如果小时候养成这种习惯，长大以后，谁还敢和他交往啊！你说对不对？

还有，你完全没有必要害怕他在同学面前说你"抠门儿""小家子气"。你可以告诉他："你就不怕我在同学面前说你'不守信用''没有诚信''借人钱不还，反倒说人家抠门儿'吗？"

"无奈男孩儿"，还犹豫什么？矛盾什么？赶快行动，索回自己的10元钱吧，不要害怕失去了一个朋友。我想，这样的朋友不交也罢。同时，我也借此告诉广大的小朋友们，从小处说，借别人的东西一定要爱惜，而且要记住借了快还，再借不难；从大处说，我们一定要注意"诚信"，因为它关系到一个人的品质问题。

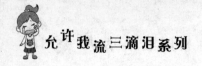

希望你这个"无奈男孩儿"尽快解决问题，变成一个阳光小子。

👑 成长小测试

你遇到难题时怎么处理

当你对人或事有看法时，选择处理的方法，往往就是你在处理同学关系时的常用方法。这个小测试，可以让你知道自己人缘好或差的原因。

你的好朋友买了一双溜冰鞋，问你好不好看，可是你不喜欢鞋的款式和颜色，这时，你该如何回答呢？

A. 看他得意的表情就说好看得了。

B. 笑而不答。

C. 想怎么说就怎么说。

D. 婉转地说出心里的看法。

选项分析

选择 A：说明你是一个以他人为重、不愿意跟人发生冲突的人。但是，因为你不愿说出真心话，所以，与朋友只能维持一般关系，而不能发展成为知心朋友。

选择B：你的沉默让人摸不着头脑。因此，想要和人顺利地交往是比较难的。你可以用婉转的方式，坦率地表达你的意见嘛，这样能给人留下诚恳的印象。

选择C：你这种直来直去的说话风格，非常容易得罪人。好人缘是需要技巧来化解矛盾和冲突的。学会婉转表达自己，不是虚伪，而是和谐的基础哦！

选择D：你总是能冷静、理智和客观地去分析眼前的状况，能够让对方听进去你说的话，又觉得你不会太虚情假意。你的人缘应该比较好的啦！

讨好爸爸的秘诀

　　我想对您说的是，我已经是小学毕业生了，但到现在我的数学成绩还是不好。每节数学课我都是既仔细又用心地听，每次作业也都认真做，每学期的卷子呀、参考书呀也都买了不少，但我的数学成绩为什么还总是提不上去呢？

　　有一次，测验卷子发下来了，我只得了糟糕的 79 分。晚上，当我胆战心惊地把试卷递到爸爸跟前要他签名时，他一看那该死的"79"分后，立刻像变了另一个人似的对我大吼起来："你怎么考的，才得 79 分也有脸来叫我签字！哼！你什么时候考 90 分给我，我就什么时候给你签字。"听了爸爸的话，我伤心地跑回房间里哭起来：为什么爸爸要这样对我？

　　自从我上了五年级以后，总觉得爸爸再也不像以前那么可亲了。无论我做什么，在他眼里总是错的。唉，这一切，一定是数学分数给闹的！

　　您有什么学习上的高招儿吗？快快告诉我吧，我都快急死了！等我数学能考出高分的时候，我爸爸准会眉开眼笑，看我干什么都顺眼了！

　　也就是说，让爸爸眉开眼笑的秘诀就是拿到数学高分。

　　唉，我该怎样做才能拿到高分呢？

小悦　女生　六年级

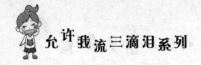

👑 情绪涂改液

亲爱的小悦:

看着你着急，我也真替你着急。好好听讲，认真做作业，买了不少课外参考书……总之，该做的你都做得很好。可是……请允许我大胆地做个猜测，你的急是不是没有急到点儿上？如果问我有什么学习上的高招儿，那么我就告诉你吧：上课好好听讲非常重要，但将课堂上还没有听明白的地方记下来，等下课后向老师问个清楚更重要；作业认真地做固然重要，但做完之后一定要弄清楚做得对错更重要，而且要将错的题彻底改正过来；买课外参考书固然必不可少，但一定要请老师帮忙选择，选择好一本后，就一定要把它们"琢磨"透，而不在于选择很多，做完后，还要学会归纳题型。

如果你愿意的话，可以按照我说的去试试，过不了多久，你就会惊喜地发现，哇，这招儿真灵！

另外，提高数学分数不是为了让爸爸眉开眼笑，那是为了你自己呢！至于老爸看你"什么都不顺眼"，可能是你自己因为考得不太好而太敏感了。不过，没有关系，不管因为什么，你都可以趁着老爸心情比较"灿烂"的时候，主动找他聊聊你的数学，请他帮你分析一下，原因在哪里；或者请数学老师帮你分析分析，然后再把这些情况和老爸沟通一下，表明你愿意为改变数学"状况"而努力，你老爸肯定会全力支持你的！

♛ 成长小测试

不能小看心理压力

人遭受的心理压力过大，会影响学习效率，进而损害身体健康。对于身心正在快速成长的青少年朋友来说，更是如此。所以，我们要定期地检查自己、了解自己。日本心理学家富田富士为青少年设计了一个简单易行的"压力测试仪"，你可以对照着检查一下自己。

1. 虽然一直都很好，但常常因为一点儿小事就想哭。

2. 晚上一旦醒来就睡不着了。

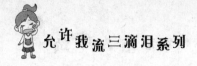

3. 总觉得很疲劳。

4. 不能安下心来学习，心烦意乱的。

5. 经常沮丧地想，这个世界上为什么会有我呢？

6. 早上没精打采，到下午才会有点儿精神。

7. 食物不好吃，没有胃口。

8. 对原来喜欢的科目或者运动、游戏提不起劲儿。

9. 总是不想去上学。

10. 头疼，经常觉得肚子痛。

11. 原来爱说话，现在变得不爱说了。

12. 想说别人坏话或想和人吵架。

选择结果分析

在以上项目中，你认为非常符合自己的项目有7项以上，表明你的压力相当大。你要跟爸妈、老师商量一下，看看自己这种情况应该怎么办，如何化解压力；如果非常符合自己的只有6项以下，那就不用太担心，只是有点儿压力。不要勉强自己，集中精力做自己喜欢的事，改换一下心情就可以啦！

当个大人真可怕

赵静阿姨，实话告诉您吧，以前我总是盼着长大。因为长大了，想干什么就干什么，也没有大人再管我了。

前不久，老师给我们布置了一项作业：观察妈妈下班以后直到第二天上班前的活动，并记录下来，看看妈妈都做了些什么。结果，自从做了这次观察作业后，我再也不想当大人了。

大人们要干的活儿真多呀！

当大人，要擦地、洗衣服、洗碗筷、扫地……还要给我们检查作业。

在我的眼中，大人从早上开始，7 点钟去上班，晚上6 点左右回家做家务……大人的一天安排得满满的，都剩

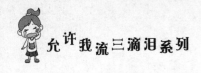

不了多少时间休息了。

除了忙和累外，他们还有很大的工作压力。

有一次，我姥姥病得快要不行了，而此时，妈妈正出差在外。最后，好在姥姥转危为安。妈妈说，要真见不着姥姥了，她会后悔一辈子的。

唉，大人们撑起一个家真不容易啊！

其次，尽管家长给孩子买了许多参考书，但参考书不是活生生的人，还是需要大人的辅导。

随着时代的变迁，大人们还得考硕士、博士。要是没有高深的知识，就不能做好事情，所以他们还得不断地学习，更新知识。

每每看着妈妈忙得汗都顾不上擦，我就会难过地掉下眼泪，有时甚至都睡不着觉，趁妈妈爸爸熟睡之后，我就蒙上被子，大声痛哭。

　　我真希望不要长大，永远当个孩子，永远过属于我们自己的节日——"六一"儿童节。可是，谁都会有长大的那一天呀！

　　唉，我要是当上了大人，会不会比他们更忙、更累呢？

　　当个大人真可怕呀！

　　没办法，现在，我们小孩子应当多学习知识，希望将来做一个尽心尽力的大人！

雨丝丝　女生　三年级

👑 情绪涂改液

　　亲爱的"雨丝丝"，我都被你感动得哭了！

　　呜呜呜……你真是一个好乖巧、好懂事的孩子呀！

　　对了，你对我说的这些话，告诉过你爸爸妈妈吗？如果没有，那就要趁他们站得稳稳当当的时候告诉他们，否

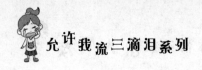

则，他们会激动得晕倒的。

另外还要准备好纸巾，因为他们一定也会"呜呜呜……"。

真想不到，你小小年纪，理解父母竟到了如此"贴心"的地步，你可真算得上是件温暖舒适的"小棉袄"啊！

不过，你大可不必为大人们的忙与累而泪水涟涟，甚至蒙着被子号啕大哭，更不必为一步步长大而忧心忡忡。

悄悄告诉你：他们虽然忙，虽然累，但他们活得可是有滋有味，要说起这个来，我这个当大人的，可有发言权了。

先说累并快乐的理由吧。

如果家里像个垃圾站，心情如何？肯定会心烦意乱呀！赶紧动手吧，扫地擦地……不一会儿，家里就变得窗明几净、井井有条，怎么看怎么舒服。先干活儿后享受嘛！

洗衣服？那当然，谁愿意穿着脏兮兮的衣服出门呀？那就洗干净吧，去上班上学、去逛街购物、去公园休闲、去会会老朋友……肯定是自信满满。

动用聪明的大脑、能干的巧手，为家人做出一大桌丰盛的美味，在家人不停的赞叹声中，做饭也是一件幸福的事情啦！在家人大快朵颐之后的欢声笑语中，洗洗碗筷又算得了什么？就像吃了饭要漱口、擦嘴一样简单嘛。

给孩子检查作业？对忙碌的大人来说，的确是件累人的事，但只要你这个做小孩子的，每次上课好好听讲，放学后把作业做得整整齐齐，我保证你的爸妈不仅不会感到累，而且还会抢着给你的作业签字呢！

人都是活到老学到老的。爸爸妈妈给自己的大脑不断地补充"知识营养"，这很值得我们学习。不断地学习，就会不断地进步，这种收获也是令人快乐的。

从你的感叹中可以看出来，爸爸妈妈好学上进、勤劳刻苦的精神都被你看在眼里，记在心上了，那还需要他们的谆谆教导吗？当然不用啦！此时，我想起了唐代诗人杜甫的一句诗："随风潜入夜，润物细无声。"

总之，当个大人没什么大不了的。看看你的爸爸妈妈，他们并没有被生活的重担压得唉声叹气呀。相反，他们赚钱养家，辅导你学习，看着你进步，每一天过得都很充实嘛。

如果你还想了解你婴幼儿时期的故事，你可以不动声色地采访一下你的爸爸妈妈，让他们回忆一下你小时候的

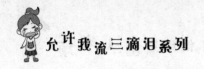

趣事，他们肯定会乐得前仰后合。

如果你想了解你爸爸妈妈小时候的趣事，那就请你的爷爷和奶奶、姥姥和姥爷回忆一下爸爸妈妈小时候的事情，我敢肯定地说，他们也一定会伴着哈哈大笑而滔滔不绝的……

应该说，人生的每一个年龄段都是美好的，我们应当享受现在正处的年龄段，做好现在这个年纪应该做好的事情。

经历成长的烦恼，化解自己的烦恼，是每个人的必修课。等你长大了，生活的经验也会越来越丰富，还有什么可怕的呢？

亲爱的"雨丝丝"，你现在是个聪明好学的好孩子，将来肯定也能做个尽心尽力的好大人！我坚信！

👑 成长小测试

从放下书包的方式见个性

放学回家后要放下书包，当疲倦的你，有种想倒在沙发上的感觉时，你会怎么放呢？这种无意识的行为，可以反映出你的个性特点。做做下面的测试，了解一下自己吧。

A. 把书包放在该放的地方，比如书桌上。

B. 不是随便扔到桌子上，而是放得整整齐齐，连书
包带子都收拾好了。

C. 随便一扔，哪儿顺手就往哪儿扔，用的时候再说。

D. 让爸爸妈妈或爷爷奶奶帮你放好。

选项分析

选择 A：说明你做事很花心思，想得比较全面，很细心，
是个让大人省心的好孩子。

选择 B：说明你是一个追求完美的孩子，什么事都想做
得最好，什么事都得准备好了才去做。不错！需要提醒的是，
放松自己，别太累心了。

选择 C：说明你是一个完全不考虑规则的人，喜欢以自
我为中心，喜欢无拘无束，不喜欢被人管着。如果适可而止，
那就太好了。如果做得太过分，那就有点儿任性了。得收敛
一下，别让人误以为你是一个不懂事的孩子。

选择 D：说明你已被宠坏，而不是简单的任性了。赶紧
学学选 A 或 B 的同学吧。你一定要有所改变，才能受人欢迎。

请你原谅我

我，是一个 12 岁的小男生。在我八九岁的时候，我曾经做过一件让我到现在都懊悔不已的事。

当时，我大伯和大妈离了婚，我堂哥判给了我大伯。

也不知道因为什么，堂哥就住到了我家。

其实，我也愿意他住在我家，他可以陪我玩。只是他经常会欺负我。

有一次，我哭着赶他走。以前我生气的时候，也赶过他，但他只是在那里坐着、看着我，什么也不说。这一次，他却真的走了。

他走后，我非常后悔，就到我奶奶家去找他，哭着求他跟我一块儿回去，可他就是不回去。

　　这件事到现在已经过去多年了，随着年龄的增长，我也越来越觉得自己在这件事上做得不对。我好想对他说一声"对不起"，可是不知为什么，却老是说不出口。也想过给他写信，可是他却不告诉我地址。

　　直到现在，我都在憎恨自己，恨自己当时年幼无知，造成了今天这个局面：几年来，堂哥虽然也来过我们家，但不管晚上多晚，他都一定要走。

　　这么多年，堂哥从来都没有在我们家住过一个晚上。

　　随着时间的推移，我们在一起的时间也越来越少，向他道歉的机会也越来越少了，我真不知道应该采取什么办

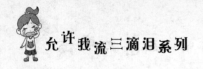

法向他说一声:"对不起,我错了,请你原谅我!"

坤宁　男生　六年级

♔ 情绪涂改液

亲爱的坤宁:

听着你的诉说,使我有一种压迫感,就像背着沉重的包袱,艰难地行走在泥泞的小路上。

我要告诉你的是:人的一生不可能一点儿后悔的事也没有。要不,当老师布置一篇题为《我最后悔的一件事》的作文时,为什么大多数同学们都能动了真情,下起笔来洋洋洒洒呢?而当成年人聊起这个话题时,也会记忆犹新、悔恨不已呢?

尽管每个人后悔的事各不相同,但人的一生不能在懊悔和沮丧中度过,而是要积极想办法解决它。

可以看出,你曾伤害了寄住在你家的堂哥。当时,年幼的你是小主人,当然会不由自主地有一种优越感,而你的堂哥却正经受着父母离异的打击、寄住到别人家里的不

坏情绪惹出大麻烦

适应。

当然，我说这些，并不是要给你"雪上加霜"，增加你的思想负担哦，而是帮你分析当时事情发生的背景。

应该说，你是童言无忌，可以原谅的；自尊心极强的堂哥离开你家也是可以理解的。

分析的目的就是要想办法对症下药，解除心病。

就说你吧，我觉得你想得多，却做得少，或者没有按照自己的想法去做，所以就失去了一次又一次的道歉机会。

你可以选择一个大家心情都比较好的时候，对堂哥说："唉，你还记得小时候的事吗？我一直都很后悔。那时我不还是个小孩子嘛，不懂事，请老哥多多包涵，多多原谅！"

你也可以装作大大咧咧的样子对他说："嘿，老哥，还记恨当年那个小不点儿吗？别那么小家子气了嘛！"

如果你还说不出口，那就写封信。

不需要什么地址，让爷爷奶奶或者爸爸妈妈转交给他。当亲友聚会的时候，你还可利用与你堂哥分手的时候，直接塞到堂哥手中，让他回去再看。此"方"虽然老土了点儿，但替你"说出口"了呀。

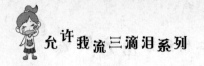

呵呵，想了这么多辙，如果你去做了，就可能会出现三种结果。

第一种结果：你的堂哥没有任何"表示"。那说明他还在记恨这件事。如果是这样的话，我觉得你堂哥一点儿也不大度，所以，你完全可以把这件事存放到记忆深处，少让它"抛头露面"，干扰你的学习与生活。

同时，你还要吸取教训：随着一天天地长大，也要成熟懂事一些，尽量避免说伤害人的话。

第二种结果：你的堂哥忍俊不禁，哈哈大笑，笑你人小鬼大。原来，他早把这件事给忘了，是你一直对自己的行为耿耿于怀。

第三种结果：你的堂哥真的被你感动了，你们前嫌冰释，又变得亲亲密密了。

"解铃还需系铃人"。发了这么一通肺腑之言，只是希望可爱的坤宁以及那些背负心灵包袱、正遭遇亲情和友情困扰的同学，动一点儿心思，花一点儿时间去解开它、扔掉它，然后轻装上阵，快快乐乐地去学习、去玩耍。

🜲 成长小测试

你是如何应对不快的

　　一高一矮两个好朋友正在操场上打羽毛球，不一会儿，两个人人看起来好像在为一个球吵得不可开交，不久，矮个子女孩儿开始掉泪。请你想象一下后来的情形，并选出一个最接近的答案，就能"探测"到你会如何应对低落的情绪。

A. 矮个子女孩儿一边哭一边说"不打了"，然后离去。

B. 矮个子女孩儿一直默默注视着羽毛球拍，默默流了好一会儿眼泪后，恢复平静，说了一句"再见"，然后离去。

C. 矮个子女孩儿强忍住眼泪，做出欢笑的样子。高个子女孩儿却转身走了，矮个子女孩儿则呆呆地望着朋友离去的背影。

选项分析

　　选择 A：你是一个好胜心很强的人。即便心情非常不好，也能尽最大的努力，替自己争取更有利的一面。因此，选择

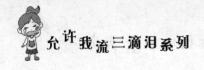

A 的人，可以广交朋友，而且是可以聊得来的知心朋友哦！

选择 B：你很会保护自己，即使很不开心，也能耐心地等待着情绪平稳下来。这样也没有什么不好的，与其强迫自己有个好心情，倒不如静待心情慢慢转好。

选择 C：你属于善解人意的人，每当心情不好时，反而更能包容别人的弱点和缺点，能够换位思考，将心比心，对人更宽容，应对不快的能力也会提高很快。

第五章

麻烦就像洗衣机搅来搅去

当你遇到试图控制你的人时，

你的个性就可能会被抹杀。

可是对于管不住自己的人来说，

还是有人约束着点儿好。

我恨透了自己

我是一个小男生，上小学六年级。我特别爱玩电脑，尤其爱玩奇幻题材的游戏。

放学后，我常常把书包往边上一甩，就往电脑前一坐，玩起来就忘记了一切。《剑侠》《轩辕伏魔录》《破天一剑》《倚天》《魔力宝贝》等，对我太有吸引力了，我熟悉它们，就跟熟悉我的房间一样。

没想到的是，我的劲头越来越大，渐渐玩上了瘾。

爸妈下班比我晚，每当他们回到家，看到我一副痴迷的样子，再看我作业一个字也没有动时，就会非常生气。

有时，在他们的监督下，我不玩了，可是做起作业来，却怎么也专心不了，经常是磨磨蹭蹭到深夜。于是，爸爸妈妈就常常骂我，而且他们之间也常常发生争吵，互相埋怨没有教育好我。

唉，痴迷玩电脑，不仅给我带来了麻烦，也给我们的家庭带来了很大的麻烦。

有一次，爸妈为到底是谁没有管好我这个儿子而吵来吵去，最后动起手来。

看到一个和睦的家庭因为我而硝烟四起，我很难过，对自己也很失望和不满。从那以后，我就下决心不再玩了，可是，有时候下再大的决心，还是管不住自己，控制不了自己。

夜深人静的时候，我常常偷偷爬起来，上网聊天玩游戏。然后，晚上作业没做完，白天上课打瞌睡。很快，我的学习成绩直线下降，就像是从高山顶上坠落下来一样。

后来，我向爸妈保证以后不再玩游戏了，但可以上网查学习资料。

虽然保证得很

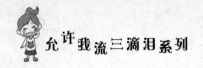

好，也取得了爸爸妈妈的信任，他们之间也因为我吵架少了。结果，没过两天，我就又管不住自己了。

有一天，正当我玩游戏玩得忘乎所以的时候，妈妈发现了。

我妈妈就特别伤心，哭着骂我说话不算数，说像我这样意志太薄弱的人，更不能碰电脑了。

唉，我也恨透了自己。其实，我也知道痴迷上网聊天和玩游戏是不对的，可我没办法管住自己呀！

小糊涂　男生　六年级

👑 情绪涂改液

虽然你自认为是个管不住自己的孩子，但你基本还算是个懂事而清醒的孩子。

据调查，59%的中小学生上网只为玩游戏，而且大部分人上课时精神恍惚，功课一塌糊涂，但一提到网络游戏，立刻会眉飞色舞。

还有的小学生沉迷于网上聊天，说一些无聊的话，学习成绩日益下降。比如你，都玩得不知道自己应该干什么了，不挨爸妈的大板子就算不错了。

让你完全拒绝电脑，可能不太现实。但是鉴于你如此痴迷网络游戏，现在主要来谈一些可行的方法，让你能够专心致志地学习。

最笨的办法，就是把电脑搬到爸妈的房间，或者干脆把电脑游戏删掉得了，眼不见心不"馋"，这种方法对"病"得不轻的你，非常有效。

聪明的做法是，你主动让爸妈在电脑上输进一个密码，平时把电脑"锁"起来，这样可以让你专心地学习；而在双休日里，等作业全部搞定之后，你可以请求爸妈打开密码，让你在规定的时间内玩个痛快。这样可以提高你的学习效率。不过有个前提，是双方都不能失信。

你还可以采用注意力转移的方法来管住自己。可以把自己写的作文录入电脑并打印出来，按照报纸和杂志提供的地址，通过电子邮件发送过去，没准儿还能发表呢。学着做个网页，做自己喜欢的动画。在选择背景、人物、动画方式、对话和作内容介绍时，你一定会体验到另一种快乐的。

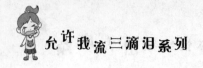

如果真觉得自己没有志气，老控制不住地想上网聊天玩游戏，那就干脆连资料也不查了。可供预习的教辅图书，在书店都能买到。还可以每天坚持看新闻报道，订阅报纸杂志……

放学以后，你还可以和同学一起，到操场上踢踢球、流流汗；也可以学几首最近音乐风云榜上有名的流行歌曲，选几本最吸引你的书去读读……

有了这么多可干的事情，你玩游戏的兴趣就很容易转移了。你的兴趣点，一旦转移到这些有意思的事情上，你哪还有时间精力去玩那些模式化、程序化的无聊游戏呀？

♕ 成长小测试

你是一个自信的人吗

谁都知道自信心对于一个人很重要，可你自信吗？做做下面的测试吧！

你穿了一双款式比较独特的鞋，你认为别人会怎么看你?

A. 太难看了，要是我，就不把它穿出来！

B. 真是太酷了，我也想有这样一双鞋呢！

C. 天啊，这双鞋太适合你的个性了！

选项分析

选择A：也许你常抱怨自己太倒霉、运气差，常羡慕人家的运气好。其实，不是你的运气差，而是你不太自信。等你真正具备自信心以后，你的心情肯定会有所改变。

选择B：在同学和老师的眼中，你很自信，可事实上呢，那只是表面现象。不过没关系，就是这种假象的自信，对你一样能有所帮助。建议你从日常生活的小事训练起，将表面的自信转化为实实在在的自信，那么，你就真的成了一个名副其实的有自信的人了。

选择C：你是一个充满自信的人，不管干什么，你总是精神抖擞，浑身充满活力。更重要的是，你的自信也能感染身边的人，这样一来，事情就会朝着顺利的方向进行。请继续保持这种良好的状态吧！

我想当一个好人

亲爱的赵静阿姨，首先，祝您中秋节快乐！

又有几个忙想让您帮我，给您添麻烦了。

不过，您放心，总有一天，我会自己解决麻烦的。

这次的麻烦，可能有一点儿荒唐，请您做好心理准备，顺便坐稳了，并且用手扶好身边的"靠山"。

这次的麻烦其实是：我想改掉我的缺点，变成一个好人！

我其实是一个表面上很自信，内心一点儿也不自信；表面上很坚强，其实一点儿也不坚强；表面上很正直，其实一点儿都不正直；表面上很勇敢，其实一点儿都不勇敢的人……

我想把以上的缺点都克服掉，变成一个真正的好人！

每个人都有自己的榜样，我也有自己的榜样。

我心中的榜样，是一个正义、勇敢、坚强、自信，把别人看得比自己还要重的人。每次想到"他"，我就会好羡慕啊！

所以，我也想做个彻底的改变，变成一个像"他"一样好的人。

我也想过许多方法，让自己变成一个好人，可是每次事到临头时，我的那些"坏人"的本性，总会一一显露出来——我又变回了那个原来的我。

比如，我明白学习很重要，可是，我又不太用功。

不要怪我哦，我也是极不情愿的。

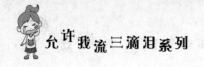

从某种程度上来说，我还是比较热爱学习的，听清楚了，是比较哦，我不能和班上那些自习狂人相比哦，这辈子我都不要像他们那样。

当然，这个不妨碍自习狂人们在背后看不起像我这样的人：切，成绩不好又不好好用功！

爸爸总说我是言语的巨人行动的矮子。没办法，我也搞不清楚自己怎么这么浮躁，这么没有耐心和毅力。

其实，我也想从小就做个好孩子，长大后也做一个好人呀。让父母和老师满意，也让自己满足，还能让别人看着心里舒服一些。

唉，"一定做个好人"，这句话，都登上我常用语的榜首了。每次说这句话时，我不是慷慨激昂，就是痛心疾首，而说完之后，我又总是被人鄙夷，包括我自己。

唉，我是真想改变啊，把我的缺点都改掉，变成一个正义、勇敢、坚强、自信，把别人看得比自己还要重的人。

赵静阿姨，您能帮帮我吗？我该怎么做才能改掉缺点，做一个好人呢？

小荒唐　男生　四年级

情绪涂改液

亲爱的"小荒唐"，读着你的信，我感觉好心疼你呀！小小年纪，怎么会有这么大的心理压力呢？这和你的年龄是多么的不相称啊！

可是，看了你的自我评价后，我又禁不住笑了起来。

哈哈……真的差点儿笑倒在地。

我敢肯定地说，你绝对不是一个坏人，相反，你是一个非常可爱的人！准确地说，你是一个追求完美的人。

"我其实是一个表面上很自信，内心一点儿也不自信；表面上很坚强，其实一点儿也不坚强；表面上很正直，其实一点儿都不正直；表面上很勇敢，其实一点儿都不勇敢的人……"

事实上，每个人都和你一样，内心深处，都有自己不想被人知道的弱点，只是表现的轻重不同，表现的形式不同而已。

请注意，弱点不是缺点哦，至少不是致命缺点。

每个人身上或多或少都有弱点的，哪能一耙子就把他打入"坏人"的行列呢？要是这样的话，世界上就没有好人了。

即便有弱点，也是正常的——人无完人嘛。

我不知道你心目中的榜样“他”是谁，但我知道，“他”是一个正义、勇敢、坚强、自信，把别人看得比自己还要重的人，这样的人，也是我学习的榜样哦。而且，我也一直在努力着，成为一个这样的人。

你很明白自己身上的弱点，就足以说明你是一个好孩子，是一个懂事的孩子。如果有些弱点，你克服不了的话，也没什么大不了的，只要不给别人带来麻烦，只要不影响自己的学习和生活，照样不影响你当一个好人。

如果你决心要克服，那就按我说的做吧。

抛开自己的困扰，去做身边力所能及的事情：擦干净黑板，做好值日，课堂上多举手，把作业做得又对又快，帮妈妈做家务，开心地去踢球……

还有，做作业时，你给自己规定好完成的时间，这样做，就可以帮助你改掉磨蹭的不良习惯。如果你能在规定的时间内完成作业，你会很有成就感的。

当你做好这些点滴小事时，你一定会变得越来越正直，越来越自信，越来越坚强了……

让我们品着月饼、赏着明月，一起祝愿吧：好人越来越多，坏人越来越少，世界越来越美好！

♔ 成长小测试

是"面瓜"还是"麻辣串"

你的性格是有点儿"面"，还是有点儿"辣"？回答完下面的问题，差不多就有个大致的了解了。

1. 你对自己很宽松，对别人很苛求吗？

   A. 不是。　　　B. 是的。

2. 坐公交车时，你让座是否超过了 10 次？

   A. 是的。　　　B. 没有。

3. 对于同学的恶作剧，你是属于很容易上当型的吗？

   A. 是的。　　　B. 不是。

4. 你经常对任何事都充满好奇心吗？

   A. 不是。　　　B. 是的。

5. 你的房间很整齐吗？

   A. 不是。　　　B. 是的。

6. 你不会跟别人吵架吗？

   A. 不会。　　　B. 会。

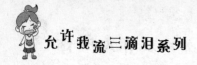

7. 同样的话你总是无意重复好几次？

    A. 是的。   B. 不是。

8. 你喜欢照相吗？

    A. 喜欢。   B. 不太喜欢。

9. 你最近有没有开心地笑过？

    A. 有。   B. 没有。

10. 你喜欢做让人惊喜的事吗？

    A. 是的。   B. 不是。

选择结果分析

选A项多于B项的人：个性大多温和。你表面"面瓜"，其实很有想法；虽然在集体中不是很出风头，但常常被人依赖；不过，偶尔也会被人欺负。建议你要坚持自己的想法，要有拒绝别人的勇气，这样才能有展现自己特长的机会。

选B项多于A项的人：总给人很"麻辣"的感觉。你外表看起来很好说话，其实内心很自我，不喜欢迎合别人，却喜欢强迫别人，容易引起别人的反感。建议你保持自己的决策力与行动力，表现自己的时候，也要考虑别人的感受，这样才能赢得好人缘。

害羞与不礼貌

　　我是一个性格非常内向的女孩儿，见到老师、邻居，或者家中来客人时，我总爱脸红，不好意思打招呼，但是又觉得这样做非常不礼貌，所以，每次我都是低着头，抬一下眼，对他们笑笑，然后赶快走开。

　　我家楼下有一位伯伯，我们经常在上下楼时相遇，每次都是他亮开嗓门儿叫我："小琪，放学了？""小丫头，刚回来啊？"而我呢，总是极快地点下头，或是浅浅地一笑，就和他擦肩而过。这样做，我也能感觉到伯伯很扫兴。

　　有一次，我两手提着两大袋垃圾下楼，而那位伯伯也正好下楼倒垃圾。他见了我就跟没看见一样，我当时心里难受死了。

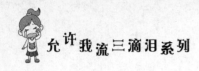

原来，我心里还是很渴望伯伯和我打招呼的，就像以前那样，亮开大嗓门儿叫我。

在扔垃圾时，伯伯看我个子小，又腾不出手来打开垃圾箱门，就赶快上前，弯下腰，帮助我，然后，他就站在一边，看着我很顺利地把垃圾扔了进去。

本来，我心里是非常感谢他的，可不知怎么回事，我还是逃也似的转身钻进了楼道，把伯伯甩在了背后。

我能感觉到他的失望，不，是生气的目光——居然连个"谢"字都没有！

唉，我真的好羡慕那些开朗泼辣的女孩子啊，敢说敢笑敢闹！

其实，我也不是老这个样子。比如，当和非常要好的伙伴在一起，而又确信周围没有其他人时，我也会跟她们嘻嘻哈哈或者滔滔不绝的。

　　我真想把这个爱害羞的性格像扔垃圾一样，扔出去，再也不要了。

小琪　女生　三年级

👑 情绪涂改液

　　亲爱的小琪，我先给你讲一个故事。

　　珍妮是个总爱低着头的小女孩儿，她一直觉得自己长得不够漂亮。有一天，她到饰物店去买了一只绿色蝴蝶结，店主不断赞美她戴上蝴蝶结挺漂亮。珍妮虽不信，但是挺高兴，不由得昂起了头，急于让大家看看，出门与人撞了一下都没在意。珍妮走进教室，迎面碰上了她的老师，"珍妮，你昂起头来真美！"老师爱抚地拍拍她的肩说。那一天她得到了许多人的赞美。她想一定是蝴蝶结的功劳，可往镜前一照，头上根本没有蝴蝶结，一定是出饰物店时与

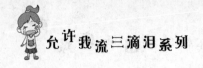

人一碰弄丢了。

怎么样，听了这个故事以后，你是否想把过分的"羞答答"扔得更快、更彻底一些？

害羞的女孩儿，的确是可爱的女孩儿，可是一个羞涩得连起码的礼貌都难以做到的女孩儿，还能招人喜欢吗？

熟悉你性格的人都会理解你，但绝对是不接受你的。当别人对你由热情变为冷淡甚至生气时，如果你内心真的还是渴望别人对你热情，那就跟我走吧。到哪儿去？"大大方方"训练场呗，训练项目如下：

第一项：星期天或者放学后，你可以提个菜篮子，先跟着妈妈，然后自己独立地去面对小商小贩。先把自己的眼光稳稳地固定在对方的脸上，然后大声地问："叔叔，您的白菜多少钱一斤？""阿姨，您的毛豆多少钱一斤？"

菜市场虽嘈杂，却是练"声"的好地方。买菜虽麻烦，却是练习"对视"的好项目哦。

第二项：先从要好的同学开练。在人多的地方见到他们时，先做一个深呼吸，然后看着对方的眼睛，最后声音洪亮地说"你好"。

切记，这次的训练场合一定不能是单独和他们在一起，而是在周围有很多人的情况下，这样的训练才会有效果。

第三项：把训练场移到课堂上。平时多举手，当老师点名要你回答问题时，你一要看着老师说话，二要声音洪亮得让全班同学都能听见。

如果你能一直坚持这样做，一个月后，再见到你楼下的那位伯伯时，你保准会让他大吃一惊，然后他也会又对你笑脸盈盈的了。

♔ 成长小测试

性格决定命运

与好朋友一起买雪糕时，你正想要一盒香芋冰激凌，而你的好朋友对走过来的服务员说："给我来一盒香芋冰激凌吧。"这时你会如何对服务员说呢？

A. 请给我一盒相同味道的冰激凌。

B. 我也是。

C. 我要香芋冰激凌。

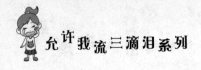

允许我流三滴泪系列

D. 我要一盒巧克力的（点不同味道的冰激凌）。

E. 来两份吧，一样一份。

选项分析

选择 A：不在意别人的选择，说明你在很多事情上大多显出积极赞同的态度。不错，你的人缘良好。需要提醒你的是，在小事上无所谓，在大事上一定要有主见，否则你会成为唯唯诺诺的人。

选择 B：你属于温和型的人，但是，不能太在意别人的言行举止，否则会成为一个小心翼翼的人，那就不爽了。

选择 C：既然点了同样的品种，还非要再重复一遍，说明你的自我意识比较强。遇事时，不妨试着随和一些，免得显得过于固执。

选择 D：发现朋友点了自己想点的东西，就马上改变主意，你总想标新立异，争强好胜，希望自己与众不同。

选择 E：你组织能力很强，在集体活动中，很善于发挥自己的优势和强势，能起很好的组织作用。

为漂亮脸蛋儿而烦恼

本来，长得漂亮是一件好事，再加上学习成绩也出色，所以，我就像沐浴着春风的小鸟，整天嘻嘻哈哈，快乐无比。

然而，自从进入五年级之后，这美好的一切，都被无情地打碎了。

每天迎着女生羡慕的眼光，男生时不时斜着眼睛的打量，原本我感觉跟以前没什么区别，谁让咱长得漂亮呢！可是后来，渐渐地感觉不一样了。

同学们在课余时间爱扎堆聊天。有一次，一帮女生叽叽喳喳地在说整容的事，我随意插了一句："垫鼻子？万一手术做得不成功怎么办呀？万一材料不过关，那还不就像在自己的鼻子下埋进了一个'定时炸弹'，说不定哪

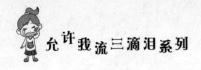

天癌变了呢！"

没想到，我说完以后，大家都静了下来，就好像沸腾的一锅开水突然被我倒进了一盆冰水。

我好奇地看着大家，反问道："难道不是吗？"

但回答我的除了沉默外，还有那一双双复杂的眼神。

终于，一位"醋熘"女生说："是啦，你当然是啦！"

我也终于读懂了她们对我漂亮外貌的忌妒。

就这样，我在班里越来越被孤立。

值得庆幸的是，我的同桌绍敏一直跟我很好，我们每天都形影不离的。可是好景不长，不知什么缘故，绍敏对我越来越冷淡。下课叫她一块儿出去活动活动时，她总是找借口不去，结果不一会儿，我就看到她和别的女生一起活动去了。放学后，我像以前一样叫她一块儿走时，她总是冷冷地说："你先走吧，我还有事呢。"

据我偷偷观察，她其实并没有什么事。在我的反复逼问下，她竟然咬牙切齿地说："实话告诉你吧，我才不想当你的绿叶呢！"

原来，相貌平平的她，终于受不了大家对她甘当绿叶的嘲笑，也离我而去。

　　长这么大，我第一次真正地为自己的漂亮而烦恼不已，学习成绩也像情绪一样一落千丈。

　　正当我在女生中的人气指数几乎降为零的时候，许多男生却对我青睐有加。于是，陷入孤独落寞的我，也乐于和这帮男生一起说说笑笑了。他们的心眼儿自然比女生大多了。

　　本来，我对每一个男生的态度都一样，都是大大咧咧的，应该不会引起什么异议。可是班上那帮对我暗自忌妒的女生，总是在背后对我指指点点、说三道四。

　　对此，老师指责我，父母痛骂我，同学对我更是群起

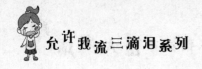

而攻之。

天啊，怎么全世界的人都在误解我啊？

从这时起，漂亮让我产生了罪恶感和自卑感。我保护自己的唯一办法只有封闭自己。

为了避嫌，我开始对男生采取一种爱理不理的策略，对自己的一言一行也非常在意：不能在公开场合放开地笑，那会被误认为勾引男生；遇到困难也不能哭，那也会被人拿来说事的；待人不能冷淡，也不能热情，最后，连我自己都不知该怎么办好了。

虽然我想把心思全部放在学习上，但是，在外界的干扰下，我的内心怎么也平静不下来，成绩始终处于滑坡状态。

尽管我生活在不能自拔的痛苦里，可是那些"醋熘"女生和遭拒绝的男生又开始对我横挑鼻子竖挑眼，说我："除了漂亮，还有什么？傲什么傲！"

是啊，我除了外表漂亮外还有什么？没有了骄人的学习成绩，没有了纯真的友谊，甚至没有了亲情。老师经常联合我的父母对我大发脾气，对我严厉教训，对我严加看管，不让我误入"泥潭"。

妈妈竟然当着我的面叹息道："唉，女孩子太漂亮了也不是什么好事啊！"她全然忘记了小时候的我是她的骄傲。

　　唉，漂亮让我活得好累！班上的女生联合制裁我，不理我，把我晾在一边，让我好难受；一些男生老给我写情书，让我害怕；班主任老找我谈话，告诫我注意影响……我实在想不通，长得漂亮莫非也成了过错？

MM　女生　五年级

👑 情绪涂改液

　　漂亮女生容易让相貌平平的女生自惭形秽，使她们产生忌妒心。所以，对于同伴的忌妒，MM不妨反省一下自己，是不是以容貌漂亮骄傲过？一言一行是否可能会带出对别人的轻视？

　　漂亮女生要更加尊重周围的同伴，不要在她们面前多谈容貌问题。

　　当然，漂亮的女生因为出众，有时也难免会遭到非议，

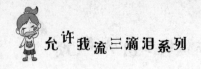
这也是成长过程中的一个自我完善、自我成长的过程。

在与男生的交往中，漂亮的女孩儿要注意内敛一些，庄重一些，矜持一些，这样才会使人感觉她既漂亮又不轻浮，对她既喜欢又尊重。同时，也一定要努力学习，提高素质，增加内涵。

"表里如一"才是漂亮的内核。做到了这些，漂亮的你，一定会赢得好人缘的，那么，内心的烦恼也就烟消云散了。

如果采用以上方法都不见效的话，那么MM不妨这样想：自己的出类拔萃不仅仅是外貌的漂亮，还有内在的气质，走自己的路，让别人说去吧！

👑 成长小测试

口头禅与信心

和同学猛侃神聊的时候，你说话带口头禅吗？如果有，你常说的是哪一种？

A. 真的，你不信啊？

B. 当然了。

C. 听说是这样的。

D. 可能吧。

E. 我告诉你啊。

F. 嗯、嗯……

选项分析

选择 A：喜欢带这种口头禅的人，不太自信，总是害怕别人不相信他说的话，总是急于强调自己说的事情是真实可靠的。

选择 B：喜欢带这种口头禅的人，自信心很强，总以为别人相信自己说的一切。这样的口头禅，还是要少用点儿好，因为，你总不能控制别人的大脑吧。当大家了解到你说的观点经常与事实不太一样的时候，时间长了，大家就不太会相信你了，尤其是当班干部的人，还是少说为妙。

选择 C：喜欢带这种口头禅的人，性格优柔寡断，说话自然就不太肯定了，或者根本就想把话说得活一点儿，万一不是那么回事时，也好让自己有个台阶下。

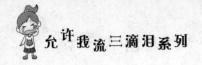

选择 D：喜欢带这种口头禅的人，嘴上说的和心里想的经常不一样，主要是不想表达自己真实的看法。这类人遇到问题时比较冷静，脾气超好，不容易得罪人，在班里人气比较旺。

选择 E：喜欢带这种口头禅的人，个性比较强，总想表现自己，无论什么事情，总想把目光吸引到自己这边来。但是，遇到问题时，也会用此口头禅来为自己开脱。只要说话不是太难听，也能够让人理解、接受。

选择 F：喜欢带这种口头禅的人，也许是脑子反应太慢或者脑子反应太快，导致话语跟不上。也或许是不善言谈，或者怕说错话，所以在说话之前，要仔细琢磨一番，然后再决定哪些话可以说，哪些话不能说。